习近平新时代中国特色社会主义思想与实践研究丛书

主任：杜新山　执行主编：曾伟玉

新时代
生态文明建设创新

傅京燕　著

INNOVATION OF

ECOLOGICAL CIVILIZATION

CONSTRUCTION IN THE NEW ERA

社会科学文献出版社
SOCIAL SCIENCES ACADEMIC PRESS (CHINA)

习近平新时代中国特色社会主义思想与实践研究丛书编委会

总　序

当代中国马克思主义的理论逻辑与真理力量

姜　辉*

马克思主义是我们立党立国的根本指导思想，是我们党的灵魂和旗帜。2021 年 7 月 1 日，习近平总书记在庆祝中国共产党成立 100 周年大会上指出："中国共产党坚持马克思主义基本原理，坚持实事求是，从中国实际出发，洞察时代大势，把握历史主动，进行艰辛探索，不断推进马克思主义中国化时代化，指导中国人民不断推进伟大社会革命。中国共产党为什么能，中国特色社会主义为什么好，归根到底是因为马克思主义行！"① 这是对马克思主义具有科学性和真理性的深刻认识和充分肯定，表达出中国共产党人走过百年光辉历程并取得巨大成功所树立的强大理论自信。

马克思主义既是指导工人运动、"使无产阶级形成为阶级，推翻资产阶级的统治，由无产阶级夺取政权"② 的理论，也是实现人类彻底解放和建设美好生活的理论。100 年前，马克思主义传入中国，同中国工人运动

---

* 姜辉，中国社会科学院副院长、党组成员，中国社会科学院当代中国研究所所长。
① 习近平：《在庆祝中国共产党成立 100 周年大会上的讲话》，人民出版社，2021，第 12~13 页。
② 《马克思恩格斯选集》（第一卷），人民出版社，2012，第 413 页。

相结合，诞生了中国共产党。这是开天辟地的大事件。从此，马克思主义就作为中国共产党的指导思想，为中国人民翻身解放、推动中国社会发展进步、实现中华民族伟大复兴指明了方向和道路。100 年来，一代又一代中国共产党人始终坚持以马克思主义为指导，"攻克了一个又一个看似不可攻克的难关，创造了一个又一个彪炳史册的人间奇迹"。① 如今，"党的面貌、国家的面貌、人民的面貌、军队的面貌、中华民族的面貌发生了前所未有的变化，中华民族正以崭新姿态屹立于世界的东方"。② 可以说，马克思主义没有辜负中国，中国也没有辜负马克思主义。

马克思主义是指导人们认识世界、改造世界的行动指南，但绝不能简单套用于各个国家、各个民族进行社会变革的具体实践，必须跟每个国家、每个民族的具体实际相结合才能发挥出其真理的价值。正如恩格斯所言："马克思的整个世界观不是教义，而是方法。它提供的不是现成的教条，而是进一步研究的出发点和供这种研究使用的方法。"③ 就中国共产党领导中国人民进行革命、建设和改革的实践而言，马克思主义作为指导思想内蕴着中国化发展的演进逻辑和不断与时俱进的时代特征。从毛泽东思想到邓小平理论，从"三个代表"重要思想到科学发展观，再到习近平新时代中国特色社会主义思想，可以清楚地看到中国共产党人"坚持用马克思主义观察时代、解读时代、引领时代，用鲜活丰富的当代中国实践来推动马克思主义发展"④ 的理论自觉和不断创新。可以说，"不断推进马克思主义中国化时代化，指导中国人民不断推进伟大社会革命"⑤，正是马克思主义与中国具体实际相结合所迸发的生命所在、活力所在、价值所在。

---

① 《习近平谈治国理政》（第三卷），外文出版社，2020，第 12 页。
② 《习近平谈治国理政》（第三卷），外文出版社，2020，第 8 页。
③ 《马克思恩格斯选集》（第四卷），人民出版社，2012，第 664 页。
④ 《习近平谈治国理政》（第三卷），外文出版社，2020，第 76 页。
⑤ 习近平：《在庆祝中国共产党成立 100 周年大会上的讲话》，人民出版社，2021，第 13 页。

　　在时代和实践的不断进步过程中，时代是思想之母，实践是理论之源；实践没有止境，理论创新也没有止境。党的十九大明确宣告："经过长期努力，中国特色社会主义进入了新时代，这是我国发展新的历史方位。"① 对于近代以来久经磨难的中华民族而言，进入新时代意味着迎来了从站起来、富起来到强起来的伟大飞跃，它表明"我们比历史上任何时期都更接近、更有信心和能力实现中华民族伟大复兴的目标"②；对于国际共产主义运动的发展而言，意味着科学社会主义在 21 世纪的中国焕发出强大生机活力，在世界上高高举起了中国特色社会主义伟大旗帜，在人类社会发展史上具有重大意义。进入新时代，我们既要更加自觉地坚定道路自信、理论自信、制度自信、文化自信，凝聚起追梦新时代、奋进新时代的磅礴力量，又要面对前进路上可能出现的各种风险和挑战，在世界百年未有之大变局中站在历史正确的一边，坚定不移走好自己的路。这就必须不断坚定马克思主义信仰和共产主义理想，用发展着的马克思主义淬炼思想、指导实践，运用马克思主义的立场、观点、方法应对风险、克服困难、战胜挑战。"这是一个需要理论而且一定能够产生理论的时代，这是一个需要思想而且一定能够产生思想的时代。"③

　　党的十八大以来，我们党坚持解放思想、实事求是、与时俱进、求真务实，坚持辩证唯物主义和历史唯物主义，紧密结合新的时代条件和实践要求，以新的视野不断深化对共产党执政规律、社会主义建设规律、人类社会发展规律的认识，从理论和实践结合上系统回答了新时代坚持和发展什么样的中国特色社会主义、怎样坚持和发展中国特色社会主义这一重大时代课题，形成了习近平新时代中国特色社会主义思想。这是马克思主义中国化的最新成果，是全党全国人民为实现中华民族伟大复兴而奋斗的行动指南，是当代中国马克思主义、21 世纪马克思主义。

---

① 《习近平谈治国理政》（第三卷），外文出版社，2020，第 8 页。
② 《习近平谈治国理政》（第三卷），外文出版社，2020，第 12 页。
③ 习近平：《在哲学社会科学工作座谈会上的讲话》，人民出版社，2016，第 8 页。

习近平新时代中国特色社会主义思想运用马克思主义立场、观点、方法聚焦新的时代命题，总结开创性、独创性的实践经验，具有系统完备的理论体系。如何深刻领会习近平新时代中国特色社会主义思想的精神实质和丰富内涵，并在各项工作中全面准确贯彻落实？如何深刻领会习近平新时代中国特色社会主义思想开辟当代中国马克思主义、21世纪马克思主义的理论新境界？如何深刻认识习近平新时代中国特色社会主义思想具有强大的真理力量？如何深入把握习近平新时代中国特色社会主义思想的时代意义、理论意义、实践意义和原创性贡献？这些问题既是开展马克思主义理论研究迫切需要回答的重要学术问题，也是承前启后、继往开来、在新的历史条件下继续夺取中国特色社会主义伟大胜利迫切需要回答的重大现实问题。中共广州市委宣传部、广州市社科联高度重视对这些重大理论和实践问题的学术研究，精心策划并组织广州地区的专家学者开展系列理论研究，出版了这套具有较高学术创见的"习近平新时代中国特色社会主义思想与实践研究丛书"。目前这样的研究并不多见，体现出较强的团队优势和鲜明的广州特色。

该丛书紧扣党的十九大及十九届历次全会精神，研究21世纪马克思主义新时代观的理论生成、时代逻辑、科学内涵、文明引领、重大价值等关乎时代问题的基本内容；在我国实现全面小康并开启全面建成中国特色社会主义现代化国家新征程的历史节点上，分析、凝练和前瞻性地阐明中国经济发展的内在规律与鲜明特色；聚焦党的十八大之后政治建设的实践，阐述与分析中国如何将制度优势转化为治理效能；深刻分析和把握当今文化建设和发展的内在规律与必然趋势，从实现中华民族伟大复兴和应对世界经历百年未有之大变局对文化发展提出的新要求，展开对推动新时代文化发展、建设社会主义文化强国的理论分析和对策研究；系统梳理和论述什么是社会治理、社会治理的格局与体制、社会治理创新的必要性、社会治理创新的路径与资源，以及社会治理效果的测量；从中国践行生态文明的国内外视角，从现实政策角度对中国生态文明近年的发展、面临的问题和未来方向进行多视角分析；对党的十八大以来以习近平同志为核心的党中央关于党的建设的重要论述进行系统梳理。这些研究对深入学习领会习近平新时代中国特色社会主义思想的核心内涵、基本方略、科学体系、思想方法和理论特色具有重要参考价值，对于运用习近平新时代中国特色社会主义思想指导工作，牢固树立"四个意识"、坚定"四个自信"、做到"两个维护"也具有重要现实意义。

2021 年 9 月

目 录
CONTENTS

序

习近平总书记 2020 年 10 月在深圳经济特区成立 40 周年庆祝大会上，充分肯定了深圳发展的综合效能——是中国特色社会主义在一张白纸上的精彩演绎。深圳特区成立 40 年来，"坚持发展社会主义民主政治，尊重人民主体地位，加强社会主义精神文明建设，积极培育和践行社会主义核心价值观，实现了由经济开发到统筹社会主义物质文明、政治文明、精神文明、社会文明、生态文明发展的历史性跨越"。习近平强调，深圳等经济特区 40 年改革开放实践积累了宝贵经验，深化了我们对中国特色社会主义经济特区建设规律的认识，未来需要在更高起点、更高层次、更高目标上推进生态文明建设，"必须践行绿水青山就是金山银山的理念，实现经济社会和生态环境保护全面协调可持续发展"。[①]

党的十九大报告指出："经过长期努力，中国特色社会主义进入了新时代，这是我国发展新的历史方位。"[②] 新时代要实现新发展，新时代也将面临新矛盾、新问题、新挑战。我国经济实现高质量发展还有许多短

---

① 《深圳经济特区建立 40 周年庆祝大会隆重举行　习近平发表重要讲话》，中央人民政府网，2020 年 10 月 14 日，http://www.gov.cn/xinwen/2020-10/14/content_5551298.htm。

② 习近平：《决胜全面建成小康社会　夺取新时代中国特色社会主义伟大胜利——在中国共产党第十九次全国代表大会上的报告》，人民出版社，2017，第 10 页。

板。但与经济、社会等其他领域相比，生态环境仍然是突出短板，因此需要实行绿色低碳循环发展，让天更蓝、山更绿、水更清、生态环境更优美，让人民有更多幸福感和获得感，逐步形成人与自然和谐相处的发展新格局。

一 践行"绿水青山就是金山银山"理念的新的国际国内背景

关于绿色发展，习近平在国内外不同场合中多次提到"绿水青山就是金山银山"新理念。"就是"一词把本来并不相关的"绿水青山"和"金山银山"联系起来，生动形象地揭示了发展中生态环境和生产力、生态环境与财富增长的辩证关系。经济社会发展与生态环境保护协同共进既是实现"绿水青山就是金山银山""两山论"的关键要义，也是习近平生态文明思想的重要理论和实践命题。"绿水青山就是金山银山"启示我们必须解放思想、转换观念，追求更加科学的发展方式和生活方式，写好强国富民的"幸福篇"。"绿水青山"就是"金山银山"的绿色发展道路是中国发展道路的先行探索和典型范例。党的十八大以来，我国生态环境有了质的飞跃，可持续发展理念逐渐深入人心。

习近平主席在 2020 年 9 月第七十五届联合国大会一般性辩论上表示："中国将提高国家自主贡献力度，采取更加有力的政策和措施，力争 2030 年前二氧化碳排放达到峰值，努力争取 2060 年前实现碳中和。"① 此次中国提出的 2060 年之前实现碳中和的目标，是迄今为止各国做出的最大的减少全球变暖预期的气候承诺。这一承诺与中国高质量发展目标相一致，与中国和全人类可持续发展目标相一致，将对全球气候治理起到关键性的推动作用。中国 2060 年前实现碳中和的承诺，是过去五年中全球气候政策方面最重要的一项声明。根据气候行动追踪组织（Climate Action

---

① 习近平：《继往开来，开启全球应对气候变化新征程——在气候雄心峰会上的讲话》，人民网，http://env.people.com.cn/n1/2020/1214/c1010-31965084.html，最后访问时间：2021 年 2 月 15 日。

Tracker，CAT）的资料，如果中国 2060 年实现这个目标，全球暖化可望降低 0.2~0.3°C，将是 2015 年各国签署巴黎协定以来的最大降幅。与 2015 年中国政府向联合国提交的国家自主贡献（二氧化碳排放在 2030 年左右达到峰值并尽早达峰）相比，这一承诺显示了中国在环境治理方面的坚定决心，以及为全球环境治理做出的积极贡献。

联合国以可持续发展为导向的新全球化思想，与中国一以贯之的高质量发展理念不谋而合。习近平主席提出的到 2060 年前中国努力实现碳中和的目标，是比国际社会认可的 2°C 目标下全球 2065~2070 年实现碳中和更进一步的目标，是中国低碳转型从强度到总量之后从总量再到零碳的新飞跃。①

粤港澳大湾区作为重大战略发展区域，绿色发展可发挥重要引擎作用。粤港澳大湾区致力于打造连接中国和世界的超级枢纽，本身也包含了生态环境质量瞄准世界级水准的目标，虽然目前粤港澳大湾区的大气质量指标在我国三大都市圈里面率先达到世界卫生组织第三阶段目标，但与国际目标还有差距。广东省作为中国改革开放前沿地区和经济大省，也是能源消耗大省，同时还是践行高质量发展的先行示范区。绿色、低碳和可持续是粤港澳大湾区今后发展的必由之路，需要深化"两山论"的具体实践，全面构筑经济发展和环境友好齐头并进的可持续发展模式。2019 年出台的《粤港澳大湾区发展规划纲要》指出，实现湾区的绿色可持续发展有助于产业结构的升级和城市群的优化，为经济发展和生态保护寻找平衡点。

二 践行生态文明发展理念对中国未来发展的进一步指引

"十三五"规划首次将绿色发展理念纳入国家的五年规划，着力补齐

---

① 诸大建：《习主席联大讲话从三个方面助推全球可持续发展》，《可持续发展经济导刊》2020 年第 10 期。

全面建设小康社会的短板。五年来，我国生态文明建设力度之大前所未有，重大生态保护和修复工程深入推进，污染防治阶段性目标顺利实现，生态环境质量总体改善。让山川林木葱郁，让大地遍染绿色，让天空湛蓝清新，让河湖鱼翔浅底，让草原牧歌欢唱……中国秉持"绿水青山就是金山银山"理念，生态文明建设不断推进，生态红利不断显现。2019年，全国规模以上企业单位工业增加值能耗比2015年累计下降超过15%，相当于节能4.8亿吨标准煤，提前一年完成"十三五"规划目标；2015年至2020年，全国PM$_{2.5}$浓度呈逐渐下降趋势，2020年337个地级及以上城市空气质量平均优良天数比例为87%；2020年，全国地表水优良水质断面比例提高到83.4%。"十三五"期间，各地加快推动形成绿色生活方式。2020年，中国46个重点城市中，实行生活垃圾分类的小区超过八成。绿色环保的生活方式逐渐成为全民行动。这是习近平生态文明思想的生动实践，也展现了中国在绿色发展上的决心和担当。

在解决自身问题的同时，中国将自身经验与世界分享。作为负责任大国，中国以理念和行动积极参与全球生态治理，推动实现全球可持续发展。中国最早向世界输出中国治沙方案，率先实现联合国制定的到2030年土地退化零增长的目标，成为世界上最大的人工林贡献国。英国《自然》杂志最近发文指出，中国保护生物多样性的宝贵经验值得世界聆听。文章援引联合国《生物多样性公约》秘书处2020年发布的第五版《全球生物多样性展望》，指出：全球在2010年拟定的20个原定于2020年实现的保护物种和生态环境的目标中，除6个"部分达成"外，其他均未达成。生物多样性的持续丧失和生态系统的持续退化对人类生存和福祉产生了深远影响。中国在研究如何平衡经济发展与控制物种及生态损失方面有数十年经验，为世界生物多样性工作带来重要助益。中国还在生态环境保护制度上进行创新，在全国范围内划"生态红线"，建立"生态敏感区""生态脆弱区""禁止开发区"等区域，限制人类活动以保护地球生物多样性。这一政策是全世界最早出台的相关政策之一，值得世界上其他国家借鉴。①

"十四五"时期作为中国经济新旧发展动能的重要转换期，绿色发展将成为更为重要的新动力，以推动经济可持续、高质量发展。尽管近年来我国在推进节能减排、清洁生产、循环经济、绿色消费等方面取得了积极成效，但是仍然面临一些瓶颈。疫情防控常态化阶段如何实现绿色复苏，促进绿色韧性发展，金融如何发力推动绿色低碳发展，如何推进全球合作也再次成为各方关注点。展望"十四五"，中国致力于构建国际国内双循环发展格局，推动绿色发展，为世界经济增长做出贡献。在新冠肺炎疫情对全球经济前景带来巨大不确定性的环境下，中国作为全球第二大经济体和最大温室气体排放国，提出力争在 2060 年前实现碳中和这一目标，意味着中国在 21 世纪全球实现净零排放的目标上迈出了重要而积极的关键一步，也意味着中国经济和社会全面向低碳变革。

新冠肺炎疫情防控也将使中国产业高质量发展迎来新机遇、新市场，有效推动产业高质量发展。此次疫情防控有助于推动末端治理进程缩短以及环境产业链的加速向前迁移，使生态环境质量持续好转，推动产业在环境目标约束下实现高质量发展。要实现国家自主贡献目标和低碳发展目标，需要以政策标准体系为支撑，以模式创新和地方实践为路径，大力推进应对气候变化投融资发展，引导和撬动更多社会资金进入应对气候变化领域，进一步激发潜力、开拓市场，推动形成减缓和适应气候变化的能源结构、产业结构、生产方式和生活方式。

第一，发展绿色产业。产业发展是资源使用的重要方面和环境污染的重要来源，发展绿色产业（包括绿色农业、绿色工业和绿色服务业）是实现环境与经济协调发展的重要手段。近五年我国生态环境保

① 《英国〈自然〉杂志：中国保护生物多样性的宝贵经验值得世界聆听》，央视网，http://m.news.cctv.com/2020/09/24/ARTIlzTiJWB2yVa7RaX7y3mH200924.shtml，最后访问日期：2021 年 2 月 15 日。

护发生了历史性、转折性、全局性变化。各地不以 GDP 论英雄，加快调整产业结构、能源结构、运输结构，倒逼企业转型升级，淘汰落后产能，绿色发展方式也让各项指标越来越"绿色"。实现经济的绿色发展，需要从加法和减法两个方面努力。所谓加法，就是促进绿色产业化，考虑生态产品的价值实现机制，同时实现经济增长和资源环境持续改善；所谓减法，是指经济增长要进行产业结构调整，淘汰落后产业，实现产业绿色化。

第二，发展资源与环境权益交易，包括用能权、用水权、碳排放权初始分配和排污权等方面的生态权益交易建设。以共建共享、受益者补偿和受损者受偿为原则，探索建立多元化生态补偿机制，体现市场在资源配置中的作用。推进生态环境高水平保护和经济高质量发展需要有更多的政策创新，以实现精细化管理，精准施策和精准治污，包括推进经济政策和社会政策创新，也包括信息手段、市场手段和消费领域的创新。同时，在生态权益交易基础上，引入资本的力量。我国是世界上第一个自上而下建立了绿色金融体系的国家，目前的绿色债券发行规模在世界上居于前列。特别是在粤港澳大湾区，发展绿色金融契合了粤港澳尤其是香港的金融中心背景，同时也是连接金融业和环境产业的桥梁，体现了湾区的市场性和产业性特征，可以通过金融促进实体经济绿色转型、实体经济反哺金融绿色化，推动湾区经济走上结构更优、质量更高、环境更好的绿色发展轨道。

第三，数字化和低碳化相结合，促进产业转型升级和高质量发展。新气候目标对引领经济绿色复苏和激发创新发展动能是一个明确的指引。这一新目标对我国科技创新和未来技术进步的推进作用也是巨大的。为了在 2060 年前实现碳中和，一系列新能源技术、与能源领域跨界交叉的新技术都需要加快发展，这将为科技创新和新兴产业发展带来巨大的机遇和空间。中国碳中和目标对可再生能源产业有积极影响。中国的可再生能源产业是世界上规模最大的，据预测，如果中国在 2050 年之前实现碳中和，那么那时中国的电力至少有 94% 是无碳能源。2050 年中国的电力光伏和风电将分别占到 32% 和 25%，核能和水电提升至 12% 和 15%。①同时，数字经济的发展必将推动区块链技术在绿色产业和金融服务实体经济方面的应用，产生更大的经济增长引擎。应大力发展数字金融、数字贸易、数字创意以及各种消费新业态、新模式，着力构建以数字经济为引领的现代产业体系。

第四，推进智慧城市建设。用大数据、云计算、区块链、人工智能等前沿技术创新城市管理手段、管理模式、管理理念已成为推动城市治理体系和治理能力现代化的必由之路，可以此打造直达民生、惠企、社会治理的丰富应用场景。2020 年广州成为世界银行"中国可持续发展城市降温项目"首个试点城市，目前正稳步推进城市降温的示范项目实施及相应技术研发等工作，并开展以"酷城行动"为主题的公众参与活动，让更多人参与到为城市降温行动中，共同为广州"酷城行动"出谋划策。

生态环境的改善得益于一系列制度建设和制度创新。生态文明制度的"四梁八柱"，包括自然资源资产产权制度、国土空间开发保护制度、空间规划体系、资源总量管理和全面节约制度、资源有偿使用和生态补偿制度、环境治理体系、环境治理和生态保护市场体系、生态文明绩效评价考核和责任追究制度。"十四五"规划明确指出，生态治理水平要实现显著提高，生态文明建设要实现新进步。本书六章聚焦的内容如下：第一章为总论，第二章至第五章分别从自然环境、经济发展、资源能源和国土空间的角度进行分析，第六章从生态文明建设的区域合作与国际引领方面进行阐述。

---

① 《中国严肃对待碳排放，碳中和宣言震惊世界》，碳交易网，http：//www.tanjiaoyi.com/article-31997-1.html，最后访问日期：2021 年 2 月 15 日。

　　人不负青山，青山定不负人。正确处理生态环境保护与经济社会发展的关系，实现经济增长与环境保护同频共振协同推进，才能使绿水青山产生巨大生态效益、经济效益、社会效益，打造青山常在、绿水长流、空气常新的美丽中国。期待本书的研究能够为绿水青山可持续发展提供绵薄之力。

第一章　习近平生态文明思想的理论要义

中国稳步推进生态文明建设，为美丽地球建设贡献了中国力量。党的十八大将生态文明建设纳入"五位一体"总体布局，而党的十九大则进一步把"污染防治攻坚战"列为决胜全面建成小康社会的三大攻坚战之一，从战略层面加强生态文明建设，通过顶层设计，牢牢把握生态文明建设的航向。中国共产党第十九届中央委员会第五次全体会议审议通过了《中共中央关于制定国民经济和社会发展第十四个五年规划和二〇三五年远景目标的建议》。该建议提出，"十三五"时期，污染防治力度加大，生态环境明显改善，但是生态环保工作仍任重道远。

第一节　习近平生态文明思想提出的时代背景

进入 21 世纪以来，中国经济持续增长，却面临日益严峻的资源瓶颈和环境污染。中国的资源禀赋存在一定劣势，资源总量小，加上经济高速增长过程中投入产出效率不高，整体资源利用率低，资源浪费的现象日益显著，导致中国经济社会发展与资源紧缺之间的矛盾越来越突出。因此，生态文明建设成为中国现代化进程中不得不解决的一个重大课题，以习近平同志为核心的党中央将生态文明建设问题摆在更加突出的位置。

　　党的十七大深刻总结了我国生态文明建设的经验教训，正式提出"生态文明"概念，并将其作为建设中国特色社会主义的战略目标和重要内容，在我国改革开放的历史上首次规划了生态文明建设的总体思路。党的十七大以后我国生态文明发展水平显著提高，但粗放式经济发展方式未得到根本性改变，经济发展受到环境和资源的严格制约，为扭转这种局面，党的十八大对生态文明问题一系列论述做出了重要创新。

　　2018年5月18日，"习近平生态文明思想"在全国生态环境保护大会上被正式确立，该思想集中体现了中国共产党的历史使命、执政理念、责任担当，形成了具有中国特色的生态文明思想，有力指导了我国生态文明建设和生态环境保护的丰富实践。

　　习近平生态文明思想的系统化论述离不开对先前社会发展阶段的经验总结和凝练升华。因此，本课题的研究背景主要着眼于国内和国际两个层面。

　　从国内背景来看，资源短缺、环境恶化等问题成为制约我国经济社会发展的重要障碍。[①] 近年来，我国经济发展取得巨大成就，成为世界第二大经济体，GDP增长速度多年位于世界前列。但应该看到的是，我国经济的高速发展建立在对生态环境漠视的基础之上，改革开放以来，我国在生态环境方面付出了沉重代价，水污染、空气污染频现。习近平生态文明思想一方面立足于对中国生态环境问题的正确认识，另一方面着眼于现代科技革命引领的时代背景，以化解生态矛盾、实现人与自然和谐共生为目的，在深刻总结多年来我国经济社会发展的经验教训基础上应运而生。

　　从国际背景来看，资源与环境问题长期以来都是全世界共同面对的核心难题，影响着人类的正常生活，而习近平生态文明思想的形成与日趋恶化的生态环境有紧密关联。虽然三次工业革命给人类带来了巨大的

---

　　① 段蕾、康沛竹：《走向社会主义生态文明新时代——论习近平生态文明思想的背景、内涵与意义》，《科学社会主义》2016年第2期。

物质财富，但是，接踵而至的却是人类生产生活与自然间的矛盾不断升级，资源枯竭、环境恶化等问题给世界各国带来巨大的威胁与挑战。习近平立足这一重大国际背景，形成了极具时代特色的生态文明思想。

一　以人民为中心是生态文明建设的目标和指向

以人民为中心的社会主义价值取向是新时代的重要特征。许多重要论述有力展现了我们党始终坚持以人民为中心的发展思想和执政为民的责任担当，从理论层面将新时代中国特色社会主义建设推向前进。

近年来，我国生态问题与民生问题日益交融，要解决生态问题就无法忽视背后的民生社稷。以习近平同志为核心的党中央紧贴国情，实事求是地提出"良好生态环境是最普惠的民生福祉"[①]　"环境就是民生"[②]等新论断，深刻地阐述了民生和生态之间的内在联系，并致力于生态文明建设与民生建设的有机结合，把以人民为中心作为出发点和落脚点，实行绿色利民、绿色惠民。

在党的十九大报告中，"人民"这一概念被反复提到，可见习近平总书记用意之深。从整体来看，人与自然和谐共生的"生态民生论"深刻揭示了生态和民生的关系，强调以绿色惠民为生态文明建设的重要出发点与落脚点，对党的生态惠民思想进行了补充。党的十九大报告的一个亮点，就是我国社会主要矛盾的变化。宏观上看，这一变化是关系全局的历史性变化，彰显了高度的时代性。我们必须坚持正确的发展道路，加快处理好当前国内发展不平衡不充分问题，为经济发展提质增效，更好地满足广大人民在社会、政治、文化、精神等维度的美好需要，逐步实现社会的可持续发展。

其中，生态作为我国发展的短板，存在严重的发展不平衡不充分问

---

① 《习近平谈治国理政》（第三卷），外文出版社，2020，第362页。
② 《习近平关于总体国家安全观论述摘编》，中央文献出版社，2018，第187页。

题，表现为经济与环境的协调问题。以前，国家的关注重心存在一定的偏向性，更多关注区域平衡和产业平衡，却很少涉及环境与经济的平衡。生态环境保护已经远远落后于社会经济发展，社会经济发展与生态环境保护之间的不平衡日益严重。在以经济建设为中心的发展阶段，我们也强调协调和平衡，但这只是在经济部门内部实现协调和平衡，比如地区之间、产业之间的平衡，却往往忽视环境与经济之间的平衡。这样的忽视造成一个后果，即经济的发展程度远远超过对环境的保护程度，经济的超前性所造成的不平衡给下一步的发展带来较大的困扰。因此现阶段生态文明建设的主要任务是既要创造更多物质和精神财富满足人民日益增长的美好生活需要，也要提供更多优质产品满足日益增长的优美环境需要，实现"从生存到生态，从温饱到环保"的转变。

二　经济发展与生态环境保护的平衡是生态文明建设的根本和路径

习近平生态文明思想蕴含着丰富而深刻的内涵，从实践中总结经验真理，再将经验真理运用到实践中，形成了一个实践到认识再到实践的闭环，有效地集合了认识论、实践论、方法论和生态价值理论，为生态文明建设和美丽中国的实践奠定了理论基础。

"绿水青山就是金山银山"理念，延续了可持续发展观的重要内涵，为我国环境保护工作指明了方向，具有极其重要的理论意义。"绿水青山就是金山银山"是对绿色发展理念最简明扼要的诠释，阐明了发展与保护辩证统一、相互协调、相互作用的关系。绿水青山既是自然财富、生态财富，又是重要的社会与经济宝藏。保护生态就是保护自然价值和自然资本增值的过程，是保留中国经济社会未来发展潜力和后劲的过程。因此，我们必须树立和贯彻新发展理念，在发展和保护间不能顾此失彼、厚此薄彼，求发展的同时将保护放在更突出的位置，让绿色的生产生活方式成为更广泛的选择。正如习近平总书记2020年8月在安徽考察时强调的："把生态保护好，把生态优势发挥出来，才能实现高质量发展。"①

推动全社会形成绿色发展方式和生活方式，要进一步加快转变经济发展方式，加快环境污染综合治理进程，全面推进生态环境保护修复，全面促进资源集约、循环利用，形成更加科学的生态文明制度体系。通过对绿色发展方式的构建和绿色生活方式的培养，我国将生态文明建设放在突出地位，融入经济社会发展全过程，推动"美丽中国"建设发展，从而最终实现人民"美好生活"和中华民族伟大复兴。②

三 负责任大国的形象是生态文明建设的国际要求和时代潮流

生态文明建设已成为全球普遍共识和世界潮流，我国要以负责任大国的形象出现在世界舞台上，世界各国对我国的生态文明理念也纷纷表示理解、认同和支持。党的十九大召开前夕，联合国副秘书长兼联合国环境规划署执行主任索尔海姆热切地表达了他对十九大的期待："对于十九大，我最大的期待在于，确定习主席在推进生态文明建设上的努力。"③习近平生态文明思想正走向世界，成为国际上的典范。2016年5月，联合国环境规划署发布《绿水青山就是金山银山：中国生态文明战略与行动》报告，对中国绿色发展的诸多成果予以认可。由此可见，习近平总书记以全球视野、天下情怀，积极推动生态文明理念走得更高更远。生态环境是人类共同的生存空间，气候变化是人类共同的挑战，在环境领域没有国家、没有人能置身事外。习近平生态文明思想为人与自然和谐

---

① 《习近平在安徽考察时强调 坚持改革开放坚持高质量发展 在加快建设美好安徽上取得新的更大进展》，新华网，http://www.xinhuanet.com/politics/2020-08/21/c_1126397382.htm，最后访问日期：2021年10月28日。
② 吴舜泽、黄德生等：《中国环境保护与经济发展关系的40年演变》，《环境保护》2018年第20期。
③ 《国际社会期待中国生态文明援建》，国际在线，http://news.cri.cn/20171026/c99f6a41-6aa7-9c53-5cd2-a49c8209c553.html，最后访问日期：2022年3月10日。

共生点明了思路，为世界其他国家进一步理解生态文明提供了科学基础，为各国将生态思想落实到实践提供了路径指引。

习近平总书记提出的中国生态文明建设方案，具有深厚的文化滋养、历史渊源、现实根基、理论基础和理想支撑。中国是当今世界体量最大、历史最漫长、以非西方化的道路最成功有效地推进社会主义现代化建设的国家，这使中国有条件、有信心为国际社会提供"中国生态文明建设方案"。"中国生态文明建设方案"是一套既有中国特色又尊重世界多样性的方案。中国尊重人类社会发展道路的多样性，尊重世界各国自己选择的制度和发展道路，并且无意将自己的制度和发展理念强加于其他国家。为人类对更好生态文明制度的探索提供中国方案这一命题，重在坚定对中国生态文明发展的自信，且以一种标识性、榜样性、展示性的姿态，强化中国生态文明发展的正确性，同时也为其他国家提供多样化选择。

坚持绿色低碳，建设一个清洁美丽的世界，这为全球环境治理提供了全新的路径选择。党的十九大报告提出构建人类命运共同体包括五个维度，其中在环境维度，"要坚持环境友好，合作应对气候变化，保护好人类赖以生存的地球家园"①。习近平总书记"生态全球论"与马克思主义全球化理论一脉相承。由于生态环境问题本身具有外部性和公共性特征，对其进行治理产生的治理收益却不能完全为付出治理成本的国家独享，生态环境问题成为一个超越单个民族、种族、国家利益的全球性问题，生态危机的全球治理成为客观必然。因此，习近平生态文明思想不仅是建设美丽中国的具体实践方案，也为构建人类命运共同体贡献了生态文明制度的"中国方案"。

习近平总书记庄严地提出我国实现碳达峰、碳中和的目标愿景，意味着我国生态文明建设步伐更大、更实。这是中国作为负责任大国对世界做

---

① 习近平：《决胜全面建成小康社会　夺取新时代中国特色社会主义伟大胜利——在中国共产党第十九次全国代表大会上的报告》，人民出版社，2017，第59页。

出的郑重承诺，也是中国开启高质量发展篇章的行动宣言，彰显了中国迈向绿色、低碳、可持续发展的信念和对气候变化等全球性问题的关切，为维护人类赖以生存的共同家园、改善地球生态面貌贡献了中国的智慧与力量，为世界各国携手守住蓝天、青山、绿水注入了强大的信心。

四 人与自然和谐发展是生态文明建设的关键和落脚点

马克思、恩格斯认为，人类生存离不开自然基础，人类实践涉及人与自然的关系。在人与自然关系的认识问题上，他们坚持认为人是自然整体中的一个部分，因此人应该尊重、敬畏自然，而自然对人类而言，更是有非凡的意义。基于此，我们需要明确以下问题。一方面，承认人类出于生存需要实现了对自然的占有，即人类为了生存，在生产生活中必然会利用和改造自然，与此同时也一定会使自然界发生相关的变化。这是基于人与自然物质交换的必然性来剖析人类对自然进行占有的合理性。另一方面，人类占有自然的行为必须坚持合规律性与合目的性的统一，也就是要遵循自然本身存在的内在规律与逻辑。马克思、恩格斯指出："自然规律是根本不能取消的。"①人们在现实中看到的各种变化往往只是规律借以实现的形式，是规律呈现的外在，而非规律本身，规律是事物内部稳定的关系。因此，人类利用和改造自然的行为不能违背自然规律，这则是基于人与自然物质交换的可持续性分析人类应该如何合理占有自然。

新中国成立后，我国在实践中对该理论进行了有效的补充与发展。在指导我国经济和环境建设的过程中，毛泽东指出人与自然既对立又和谐，和谐是在斗争中实现的，因此，为了建设更美好的中国，我们需要克服不利的自然环境因素，以满足人民的生存所需。党的十一届三中全会召开后，我国对改革开放中的生态环境保护和经济发展持辩证的态度，并在实践中推动这一理论不断创新发展，进而形成了影响深远的可持续

---

① 《马克思恩格斯选集》（第四卷），人民出版社，2012，第473页。

发展观。邓小平强调"我们必须按照统筹兼顾的原则来调节各种利益的相互关系"①，主张合理控制人口，倡导植树造林，强调科教对环境建设的先导作用，以协调人与自然的关系。此后，我国坚持并推进可持续发展，在探索人与自然和谐发展以维系子孙后代永续存在的问题上迈出了坚实步伐。党的十八大以来，以习近平同志为核心的党中央遵照马克思主义人与自然关系理论继续创新发展，扎根于新时代的沃土上推陈出新，生态文明建设成为国家建设"五位一体"总体布局的重要组成部分，这是中国共产党人在正确认识人与自然关系并引导两者和谐发展方面的重大飞跃。党的十九大召开后，"美丽"作为强国目标上升到国家战略的高度，"美丽"是新时代人与自然环境关系的高度归纳与集中表达。

第二节　习近平生态文明思想的理论溯源

一　对马克思主义生态观的继承和发展

（一）习近平生态文明思想是对马克思主义生态观的继承

马克思说过，"劳动不是一切财富的源泉。自然界同劳动一样也是使用价值（而物质财富就是由使用价值构成的！）的源泉"②。他认为自然界孕育了人类并为其生存发展提供不可或缺的物质基础。这是马克思辩证唯物主义的生态自然观与生态价值观的展现。以 J. B. 福斯特为代表的生态学马克思主义理论家持有的一个观点是：马克思主义对生态文明的辩证阐释不仅具有深刻的逻辑内涵，也在不断与时俱进的过程中具有强大的现实指导意义，对当下乃至今后的生态危机防范与化解具有重要价值。而这些充满哲思的论述如今也成为习近平生态文明思想的重要理论

---

① 《三中全会以来重要文献选编》（上），人民出版社，1982，第99页。
② 《马克思恩格斯选集》（第三卷），人民出版社，2012，第357页。

源泉。习近平生态文明思想是对马克思主义的继承和扬弃，既延续了马克思主义的进步思想成果，也发展了马克思主义中国化的相关理论成果，是对可持续发展理论和科学发展观的有效创新。

邓水兰和温诒忠认为马克思主义生态文明理论是一种具有普遍性并且超越时代的科学论述，这一理论在中国不仅得到了延伸，更为科学社会主义的实现奠定了理论基础，为新时代中国生态文明理论体系构建及行动布局提供了有力支撑。①

（二）习近平生态文明思想是对马克思主义生态观的丰富

习近平生态文明思想在马克思主义生态观基础上进行了丰富与发展，尊重历史的同时强调现实，突出现阶段人类与自然的共生共荣关系，由此进一步拓展到国家治理和民族复兴的范畴，极大地拓展了新时代中国特色社会主义思想体系的内涵和外延。西方生态文明理论于20世纪80年代开始对我国产生较大的影响，而这种影响并存于理论与实践层面。习近平生态文明思想囊括了诸多西方生态学派中的有益成分，例如生态学马克思主义、生态中心主义和生态后现代主义等理论，且将各种理论成果与中国的历史与现实、实践与经验结合，探索出符合中国国情、具有中国特色的生态文明发展之路。此外，中国本土的生态文明思想更加源远流长，其中内涵丰富的生态智慧既是中华传统文化中的瑰宝，也是新时代人与自然关系思想的重要理论来源。中国儒家文化强调"天人合一"，将"德"放在生态思想的重要位置；道家文化主张尊重、顺应、保护自然，并在遵循规律的基础上适当利用规律实现发展，"道"是其思想内核；法家文化突出的是法治在社会秩序构建中的作用，在生态治理上重视运用"法"的约束力。由此可见，虽然中国传统文化中并不存在

---

① 邓水兰、温诒忠：《马克思主义生态文明理论体系探讨》，《江西社会科学》2013年第5期。

"生态文明"的具体概念，但诸子百家学说中都强调人与社会的和谐、人与自然界的和谐。新时期我国的生态文明思想，在很大程度上是对传统文化中的生态思想进行继承与扬弃，其中一脉相承的生态智慧是推动当下中国可持续发展迈上新台阶、实现新突破的宝贵财富。

二 对西方生态理论的批判和扬弃

习近平生态文明思想是在历史与现实的融合、世界与中国的交汇下形成的，西方生态理论在这一过程中也起到了重要的参考作用，习近平生态文明思想在发展中完成了对西方生态理论的批判、扬弃以及中国化创新与改造。

在理论上，西方有大量研究分析了环境与经济的中长期关系及其演变，这类研究可以概括为"环境宏观经济学"，代表性研究成果是"环境库兹涅茨曲线"。研究发现，随着经济的发展，环境质量会呈现先抑后扬的态势，最后形成的曲线状似一个倒 U，因而俗称"环境倒 U 形曲线"。在西方工业革命历程中，环境与经济的关系都是倒 U 形曲线，因此，何时出现拐点、峰值多高是跨越环境库兹涅茨曲线的关键。根据环境库兹涅茨曲线，迈进发达梯队的国家，不可避免地将经历经济发展和环境质量失衡的阶段。因而不能简单复制先发国家的发展模式，而应积极探索新的具有中国特色的发展道路，以实现经济高质量发展和生态环境高质量保护的有机统一。作为西方经济学主流的新古典经济学是不考虑自然资本对经济发展的限制的，例如索罗的经济增长模型假定物质资源是无限的，所以生产函数仅由资本和劳动决定。福利经济学和环境经济学是新古典经济学假说框架下的补充，因此属于传统资源环境经济学的绿色发展研究，其前提是生产要素之间可以互相替代的弱可持续的浅绿色发展研究。而西方基于强可持续发展的生态经济学认为，生态环境要素的不足不可以由物质资本和人力资本补足，因此提出经济发展应该减缓并以生态优先。而我们所提出的绿色发展观认为要素之间是不可以替代的，但不同于发达国家用过度的自然资本消耗实现经济发展的旧模式，中国绿色发展模式需要在经济增长的同时资源消耗不超过世界可接受水平。

习近平生态文明思想中的新主张、新论断、新要求，与马克思主义生态观一脉相承，是对马克思主义生态观和中国共产党生态文明建设理论的创造性发展和升华，是马克思主义生态观在新时代中国特色社会主义建设中的合理本土化，有效丰富和拓展了中国特色社会主义生态文明建设理论。习近平生态文明思想摒弃了资源与环境经济学仅仅把自然界当作与人类社会并行的一个系统，把生态环境问题当作市场外部性问题，而不认为人类社会其实就是自然界的一部分的思想。习近平生态文明思想在新的高度上实现了自然的人化和人的自然化的辩证统一。对于发展中国家来说，社会经济发展与生态环境保护两端都非常重要，实现绿色和经济协同需要机制和路径创新，需要构建各国政府、企业和公众深度参与的绿色发展理论体系。

三　彰显中国生态文明理念的深厚底蕴

在工业文明的发展过程中，西方走的是"先污染后治理"的不可持续的道路，因此其他国家不应效仿也不能效仿。刘希刚和徐民华指出，习近平生态文明思想是马克思主义生态思想在中国化过程中结合中国的特定经验进行的发展和创新，能够有效地对现实进行指导。只有真正把习近平生态文明思想落到实处，才能看得见绿水青山。[1] 陈金清指出，环境保护部重启绿色 GDP 研究是有重大意义的，贵州、深圳、内蒙古等地区纷纷先行开展地市级、区域级的自然资源资产负债表的试编工作。[2] 史丹和胡文龙等对党的十八届三中全会以来各地探索编制自然资源资产负

---

[1]　刘希刚、徐民华：《马克思主义生态文明思想及其历史发展研究》，人民出版社，2017，第20~21页。

[2]　陈金清主编《生态文明理论与实践研究》，人民出版社，2016，第24~27页。

债表的实践进行了总结归纳，并以环境经济学理论和环境会计理论为基础理论提出了"自然资源资产、自然资源负债、自然资源净资产"这一框架体系。[①] 王金南等在绿色 GDP 和生态系统生产总值核算的基础上，构建了经济-生态生产总值（GEEP）综合核算指标。GEEP 综合核算指标基于弱可持续发展理论和福利经济学的综合生态环境核算体系，在经济系统生产总值的基础上，考虑人类在经济生产活动中对生态环境的损害和生态系统对经济系统的福祉，把"绿水青山"和"金山银山"统一到一个框架体系下，是一个含有多元化考量的综合指标。[②] 2017 年 10 月中共中央办公厅、国务院办公厅印发的《国家生态文明试验区（贵州）实施方案》称，习近平总书记强调，贵州要守住发展和生态两条底线，正确处理发展和生态环境保护的关系。马中等对五个国家级绿色金融示范区的制度和实践以及绿色金融创新的工具进行了研究。[③]

当前，我国生态文明建设需要结合人民对于优美环境的强烈需求，提供更多高质量、有特色的生态产品和生态服务。广东省尤其是珠三角地区人口和产业密集度高，排放强度大，在大气污染防治方面，广东省早关注、早预防、早行动，珠三角在全国率先实施大气污染防治区域联防联控，并加快落实燃煤小锅炉整治、城市扬尘污染控制等重点任务。通过多年努力，广东省生态文明建设成效显著。2015～2017 年，全省空气质量连续三年达标，完成国家大气考核目标，被环境保护部充分肯定，珠三角也成为全国三大城市群中首度实现 $PM_{2.5}$ 连续三年达标的城市群。吴舜泽等提出长江经济带是我国重要的生态安全屏障，要牢牢保住一江

---

① 史丹、胡文龙等：《自然资源资产负债表编制探索——在遵循国际惯例中体现中国特色的理论与实践》，经济管理出版社，2015，第 26～28 页。

② 王金南、马国霞、於方等：《2015 年中国经济-生态生产总值核算研究》，《中国人口·资源与环境》2018 年第 2 期。

③ 马中、周月秋、王文主编《中国绿色金融发展报告 2017》，中国金融出版社，2018，第 5～7 页。

清水绵延后世，坚持走绿色生态发展的可持续道路。① "两山论"在生态文明建设中居于核心地位，其中的各项概念范畴，都与理论和实践范式鲜明对应。比如，利用习近平生态文明思想，具体落实到全面推行"河长制"、"共抓大保护、不搞大开发"建设长江经济带和推进京津冀协同创新发展，推进各区域共享绿色发展成果。此外，中法武汉生态示范城的规划实践，从多维度将生态文明理念融入总体规划和具体布局，从规划方法、核心技术、建设内容等方面，为生态示范城规划及建设提供了有益借鉴。

第三节　习近平生态文明思想的现实特征

习近平生态文明思想的形成有坚实的理论基础。我们要认识到，每一个新思想的诞生，目的都在于解决实际问题，理论的存在价值在于为实践服务。习近平生态文明思想蕴含了丰富的实践思维。生态环境问题是人民群众普遍关注的问题，是必须面对且必须解决的问题，也是必须在实践中寻求解决之道的问题。为此，习近平基于中国特定的历史阶段和发展特点审视生态环境问题，在分析总结生态治理实践经验的基础之上积极进行补充与创新，形成了具有中国特色的生态文明思想。

一　良好生态环境是人民幸福生活的着力点

"以人民为中心"在生态文明建设中处于重要地位。新时代的社会主要矛盾已经转化为人民日益增长的美好生活需要和不平衡不充分的发展之间的矛盾。坚持"以人民为中心"的发展理念是解决新时代新矛盾的重中之重，在新时代中国特色社会主义实践过程中，应自觉把广大人民群众作为

---

① 吴舜泽、姚瑞华、王东等：《实施长江经济带生态环境保护规划　带动提升中国绿色发展水平》，《中国生态文明》2017 年第 4 期。

主体力量，有效地把人的综合全面发展贯穿在社会发展的全过程中。

人与自然的协调发展是社会进步至关重要的一环，自然资源的价值要通过人工的物质转换才能得到体现，而人们同样需要平衡社会经济发展和资源与环境的承载能力来维系自身的生存和发展，生态文明建设无疑顺应了生态伦理学中"人、资、环"的有机统一关系。生态文明建设旨在确保人们实现基本的物质生存需要，促使人们获得幸福感，同时统筹兼顾生态环境的特殊性与脆弱性。习近平生态文明思想不仅强调了生态环境的重要性，更指引人们在发挥主观能动性发展生产的同时，将创造力运用到与生态环境和谐相处的重大事业中。

二　良好生态环境是经济社会持续发展的支撑点

习近平总书记 2020 年 3 月 29 日至 4 月 1 日在浙江考察时的讲话中强调："'绿水青山就是金山银山'理念已经成为全党全社会的共识和行动，成为新发展理念的重要组成部分。实践证明，经济发展不能以破坏生态为代价，生态本身就是经济，保护生态就是发展生产力。希望乡亲们坚定走可持续发展之路，在保护好生态前提下，积极发展多种经营，把生态效益更好转化为经济效益、社会效益。全面建设社会主义现代化国家，既要有城市现代化，也要有农业农村现代化。要在推动乡村全面振兴上下更大功夫，推动乡村经济、乡村法治、乡村文化、乡村治理、乡村生态、乡村党建全面强起来，让乡亲们的生活芝麻开花节节高。"①

20 世纪 90 年代，依靠山里优质的石灰岩等资源，安吉县兴起了"采石经济"。在约 1885 平方公里的县域内就有 243 家矿山企业，平均每 7.76 平方公里就有一家。虽然靠"卖石头"致了富，却破坏了山体、污染了水和空气，甚至还会发生矿山事故。安吉人也渴望转变发展方式，

---

① 《习近平在浙江考察时强调　统筹推进疫情防控和经济社会发展工作　奋力实现今年经济社会发展目标任务》，央广网，http://china.cnr.cn/news/20200402/t20200402_525039015.shtml，最后访问日期：2021 年 5 月 17 日。

关停污染企业，可是经济收入的大幅下降使当地群众陷入两难。

"两山论"为安吉县指明了发展方向。2005 年 8 月 15 日，时任浙江省委书记的习近平前往安吉县天荒坪镇余村考察。当听说余村关停了污染环境的矿山，开始搞生态旅游，打算让村民借景生财时，他十分高兴，对他们的做法给予了积极肯定，并提出了"绿水青山就是金山银山"的科学论断。十多年来，余村秉持生态优先理念，走出了一条兼顾生态环境、产业发展、人民致富的可持续发展之路。此后，安吉县大胆创新，先行先试，创新实施矿产资源"五联单"综合管控制度，全面开展涉矿行业专项整治提升工程，逐渐形成部门、企业、社会共建"绿水青山"的矿产资源工作格局。2009 年起，安吉县逐步关停 78 家矿山企业，并稳步推进矿山复绿工作。截至 2019 年，全县仅剩 7 家矿山企业，并实现国家绿色矿山建设全覆盖。2018 年以来，在整体减点控量的前提下，安吉县却实现了连续两年国家矿资收益不减反增，涉矿税费的同比增幅分别为 215%、44.4%。安吉县经济开发区鞍山村绿色建材产业园建设项目还成为 2019 年全省首个成功挂牌交易的矿地综合利用项目，实现了资源开发、矿地利用、生态修复三者协调发展。从靠山吃山到养山富山，从"采石经济"到"生态经济"，安吉县的"高明之举"让老百姓生活"芝麻开花节节高"！①

三　良好生态环境是展现我国良好形象的发力点

习近平总书记强调全球环境治理的"中国方案"是坚持绿色发展的"共谋全球生态文明建设之路"。韩庆祥和黄相怀指出，中国道路证明了只有符合本国实际、因地制宜才能发挥作用。他们将中国道路的核心要义概括为三种基本力量，即坚持中国共产党的领导、以市场配置资源的

---

① 《安吉从"采石经济"到"生态经济"》，杭州网，https://news.hangzhou.com.cn/zjnews/content/2020-04/14/content_7714231.htm，最后访问日期：2021 年 5 月 17 日。

力量和以人民为中心的力量。①"全球生态文明"正是平衡世界各国经济利益与共同利益、包容世界当前发展与未来可持续发展的生态文明建设目标。当下的中国总体环境质量仍较发达国家有相当的差距，要真正实现人民生活质量的国际赶超，达成"美丽中国"的美好愿景，则需要具有中国特色的生态文明建设体系。中国特色生态文明建设体系完全符合构建人类命运共同体的基调，中国的可持续发展具备国际视角，必将顺应形势而得到长足发展。应坚持协同推进新型工业化、城镇化、信息化、农业现代化和绿色化，加大生态文明建设力度，实现绿色、低碳、循环、可持续发展。这些"中国方案"是对西方现代化进程中对自然环境过度破坏的模式的有效规避，有助于人与自然和谐发展。

党的十八大以来，习近平总书记从全面推进中国特色社会主义建设的目标出发，站在全球的高度推进生态文明建设，以求为解决全人类生态问题提供中国智慧和中国力量，增进百姓民生福祉，在国际上树立了中国负责任大国的形象。习近平生态文明思想的国际表达所包含的生态文明观、生态责任观以及生态合作观，既需要在"五位一体"总体布局下坚持生态文明建设，也需要加强国际话语权建设，以促进习近平生态文明思想的国际传播。同时，习近平生态文明思想中蕴含的可持续发展观，正在对各种国际活动产生影响。通过向其他发展中国家推行可持续发展观，能够帮助其缓解基础设施落后、生存条件较差、能源资源开发利用不合理等问题。但前提是厘清生态文明制度建设的内在思路：首先，在理念上"依靠制度"，以有效推进生态文明体制建设；其次，在标准上实现"最严格"，以根除制度的标准性缺陷；再次，在途径上"深化体制改革"，以解决制度建设路径问题；最后，在抓手上建立"四梁八柱"，以完善与巩固我国生态文明制度体系。中国正在成为助力全球低碳化转

---

① 韩庆祥、黄相怀：《中国道路能为世界贡献什么》，中国人民大学出版社，2017，第23~24页。

型的重要力量。因庞大的经济体量和特殊的国际分工地位，中国需要为全球绿色发展承担更大的生态责任，并且中国的低碳发展综合布局不仅将影响接下来很长时期中国在全球话语权中的位置，也将深刻影响未来国际体系和全球秩序。厉以宁等指出，低碳经济在世界范围内是大势所趋，全球碳减排规则以及能源、经贸和产业体系的国际规则都受到了深远的影响，中国生态文明建设路径势必影响国际规则的制定与完善。①

---

① 厉以宁、傅帅雄、尹俊编著《经济低碳化》，江苏人民出版社，2014，第4页。

第二章　建立人与自然和谐共生的共同体

第一节　理解人与自然和谐共生的内涵要义

一　人与自然和谐共生理念的形成和发展

习近平生态文明思想中有涉及人与自然关系以及二者和谐共生的新理念，有以"两山论"为核心的对经济发展与环境保护关系的新洞察，有彰显民生关切和新时代发展品质需求的新阐释，也有强化全球生态治理、构建生态保护体系的新宣言。其既是生态文明理论在中国本土的创新，也为新时代可持续发展实践提供方向指引。坚持人与自然的和谐共生，是习近平生态文明思想的重要内容，同时也是实现绿色发展应当树立的科学理念。人与自然的关系，是人类社会发展中最基本的关系之一。应该看到的是，人与自然的关系实际上是一种和谐共生的关系，但这种认知只有在人类社会历史发展到一定阶段才能达到。

在远古时代，人类要解决生存问题，只能靠渔猎等原始手段，一切取于自然。自然界的许多现象，人类不仅难以解释，而且也难以探寻其内在规律。人们靠天吃饭自然就崇敬自然。工业革命后，生产力大大提升，人类逐渐沉浸在凌驾于自然的表象中，各种复杂的工业化产物开始充斥于原本的自然世界并极大地改变了人类的生活和发展方式。随着工业创造能力不断提升，人类对自然原始的敬畏之心逐渐淡薄，开始重新审视与自然的力量对比，并且在经济利益的驱动下对自然进行无限度的索取。

马克思主义正确地揭示了当代人类所应当具有的生态文明观，以此来规范人与自然的关系，约束自我的行为。无论科学技术再昌明、人工智能再强大、人类社会再进步，都需要对大自然保持一定的敬畏之心。"皮之不存，毛将焉附？"其实，大自然始终是人类社会生产生活的根基，人类是大自然的一部分，无法脱离自然而独立存在，人类的种种行为不能违反自然规律。历史上种种实践证明，人类每一次凌驾于自然之上的发展，终将遭受大自然的报复，人类行为的每一次失范，终将导致不可逆的灾难。

要清醒地树立人与自然和谐共生的理念，人与自然的关系千丝万缕，合则两利，斗则俱伤。当人类顺应自然规律有序开发自然时，自然也会给予人类丰厚的回报；当人类盲目开发、无底线地掠夺自然时，就会招来自然的怒火和责罚。因此，人类对自然的伤害不可避免地会伤及人类本身，要坚持走人与自然协同发展道路，牢固树立人与自然和谐发展理念。优美的生态环境是稀缺品，用之不觉失之难存，因此坚持生产发展与生态良好并存的可持续发展道路实属必然，也迫在眉睫。随着我国经济发展水平的不断提高，人民物质生活不断得到满足，人民群众对于美好生态环境的要求越来越凸显，环境问题不仅关乎生态，也关乎社会民生。

二　人与自然和谐共生理念的实践

（一）统筹山水林田湖草系统治理

自然是一个内在紧密依存又相互影响的系统。在人与自然之间扮演重要角色的山水林田湖草，又是相互依存、相互影响、相伴而生的生命共同体。"我们要认识到，山水林田湖是一个生命共同体，人的命脉在田，田的命脉在水，水的命脉在山，山的命脉在土，土的命脉在树。"①生态系统好，则人与山水林田湖草和谐相处，生机盎然；生态系统遭到破坏，则人与山水林田湖草互相抵触，四处凋敝。要实现人与山水林田湖草和谐共生，就必须有效推进、有效规划、有效统筹山水林田湖草系统治理工作。

1. 要树立正确的山水林田湖草系统治理观

开展山水林田湖草系统治理工作，归根结底是要解决用什么样的态度对待自然、用什么样的具体措施保护修复自然这一问题。山水林田湖草的系统性、整体性决定了我们不能再用各守一摊、各管一段的老办法，来静态地各自管理山水林田湖草，而必须统筹考虑自然生态各要素，采取整体修复观、综合治理观，科学合理地进行生态修复。

2. 要从山水林田湖草一体化生态保护和修复入手

以往的实践经验证明，过度且无序的工程不利于遏制生态退化，有时反而与预期的目标背道而驰，而恢复自然本身的修复力，辅之以人工手段，效果往往更好。山水林田湖草的保护和修复，是一项长期养护、慢慢调理的工作，应当更多地顺应自然，少一些主观意志，多一些科学精神；少一些建设，多一些保护；少一些工程干预，多借用一些自然力。

3. 要从生物多样性保护入手

生物多样性是生态系统健康存续的基础。近年来，我国开始重视生物多样性的综合保护并且已经取得积极成效，但生物多样性保护和人类物质生产活动之间依然未形成良好平衡。为此，要加强以国家公园为主体、自然保护区为基础、各类自然公园为补充的自然保护地管理体系建设，助力核心自然生态区域得到最为到位的全方位保护。野生动植物是

---

① 习近平：《关于〈中共中央关于全面深化改革若干重大问题的决定〉的说明》，《求是》2013 年第 22 期，第 26 页。

最珍稀的自然资源，要将野生动植物保护管理监督落实到位，严厉打击乱捕滥猎野生动物行为，并严厉查处破坏野生动植物资源案件。进一步加强自然资源管理与保护，提升生物安全管理水平。

（二）退耕还林还草

盲目地毁林开垦和进行陡坡地、沙化地耕种，让人类尝到了诸多生态恶果，洪涝、干旱、沙尘暴等自然灾害接踵而至，使中国的生态环境受到巨大的威胁。困境中，人们开始认识到，以破坏自然环境的代价换生存、换经济发展，其结果是连生存也难以保证——这就是违背自然法则的恶果。此时，退耕还林还草的战略决策，让人们得以重新回顾人与自然的关系。"树上山，粮下川，羊进圈，该种粮食的地方种粮食，该种草的地方种草，该种树的地方种树"，退耕还林还草通过一"退"和一"还"，将人类长期以来欠下的巨额生态账重新偿还给自然，由过去的征服自然、改造自然转变为尊重自然、顺应自然和保护自然。退耕还林还草，改变的不只是山水。它所带来的转变，从生态开始，席卷了人们的思想、生产和生活的各个领域，更吸引着世界的目光。如今，人们从退耕还林还草中品尝到"满山尽是聚宝盆"的生态红利，昔日的贫困与荒凉渐行渐远，愈来愈多的人认识到"绿水青山就是金山银山"，一个更绿更美、生机盎然的美丽中国正呈现在世人面前。

（三）实行最严格的生态环境保护制度

1. 完善经济社会发展考核评价体系

要以建成科学的、全面的考核评价体系为导向，探索确立资源损耗、环境破坏等反映生态文明建设状况的具体衡量指标，搭建符合生态文明发展要求的奖惩机制和考核体系。《广州市生态文明建设规划纲要（2016—2020 年）》建立的生态文明目标评价考核制度体系，通过制定出台《广州市生态文明建设目标评价考核实施办法》《广州市绿色发展指标体系》《广州市生态文明建设考核目标体系》，确立了广州市生态文明建设目标评价考核"一办法、两体系"的基本框架，明确了生态文明建设实行"党政同责、一岗双责"制度。同时，强化考核结果应用，将考核结果作为各区党政领导班子和领导干部综合考评、提拔调动的重要参考，体现考核办法的"奖惩并举"功能。

2. 建立健全资源生态环境管理制度

健全自然资源资产产权制度和用途管制制度，加快建立国土空间开发保护制度，健全能源、水、土地节约集约使用制度。《广州市生态保护补偿办法（试行）》对生态保护补偿主体、补偿对象与类型、补偿标准、补偿资金来源与使用、补偿程序、补偿方式、补偿工作监督与管理等方面内容做出明确规定。以流溪河流域（涉及从化区、花都区和白云区）的水环境生态保护补偿工作作为试点，印发实施《广州市生态保护补偿试点方案》。

三 人与自然和谐共生理念的时代意义

党的十九届五中全会谋划了"十四五"发展新蓝图，我们应该秉承"绿水青山就是金山银山"的绿色发展理念，以提升生态品质为施力重点，不断取得阶段性治理成果，为实现长远目标而奋斗。绿色代表生机，也蕴含希望。通过对绿色资源的"深加工"，绿色资源成为社会财富、经济财富，让我们在享受美景的同时，也能够享受美景带来的巨大经济收益，真正实现让生态环境变成发展动力。

促进人与自然和谐共生，是推进生态惠民的有力抓手。当前，生态文明建设是建设社会主义现代化强国的突出短板，在资源约束的大背景下，环境污染、生态系统退化的形势十分严峻且棘手。"要在坚持以经济建设为中心的同时，全面推进经济建设、政治建设、文化建设、社会建设、生态文明建设，促进现代化建设各个环节、各个方面协调发展，不能长的很长、短的很短。比如，生态文明建设就是突出短板。……这就要求我们尽力补上生态文明建设这块短板，切实把生态文明的理念、原则、目标融入经济社会发展各方面，贯彻落实到各级各类规划和各项工作中。"① 人人都是生态环境的保护者、建设者、受益者，要处理好高质量发展与高水平保护的关系，在高质量发展中推进高水平保护，在高水平保护中促进高质量发展。

第二节　构建人与自然的命运共同体

一　牢固树立人与自然和谐相处的理念

中国传统文化底蕴深厚、源远流长，形成了以儒释道为支撑的中华传统文化理论框架，中华传统文化中的智慧为我们当今处理好人与自然关系、平衡好经济发展和生态保护提供了启发。习近平总书记深谙中华传统文化精粹，在全国生态环境保护大会上指出："中华民族向来尊重自然、热爱自然，绵延5000多年的中华文明孕育着丰富的生态文化。"② 习近平总书记提出绿色发展理念，既有深厚的历史文化渊源，又科学把握了时代发展的新趋势，对建设美丽中国、实现中华民族伟大复兴的中国梦具有理论和现实的双重意义。

二　推动构建人与自然和谐共生的新发展格局

随着中国特色社会主义进入新时代，中国社会主要矛盾已经转化为人民日益增长的美好生活需要和不平衡不充分的发展之间的矛盾。在现实生活中，人民群众对优美环境充满强烈期盼，对优质生态产品的需求

---

① 《习近平谈治国理政》（第二卷），外文出版社，2017，第79页。
② 赵超、董峻：《习近平出席全国生态环境保护大会并发表重要讲话》，中央人民政府网，http：//www.gov.cn/xinwen/2018-05/19/content_5292116.htm，最后访问日期：2021年5月21日。

与日俱增。如何在新的历史起点推动生态文明建设向更高水平发展，实现建设美丽中国的宏伟目标，是一个重大的历史课题。

习近平总书记在党的十九大报告中鲜明提出社会主义生态文明观，全面阐述了新时代生态文明建设的新思想、新部署、新要求，对这一课题做出了全方位的系统解答。同时，党的十九届五中全会提出了经济社会发展的主要目标是构建生态文明体系，促进经济社会发展全面绿色转型，建设人与自然和谐共生的现代化。这主要体现在以下三个方面。

第一，党的十九大报告深刻揭示了人、自然、现代化建设的辩证关系。从人与自然、人与自然和谐共生和现代化的"两个关系"维度，做出了"我们要建设的现代化是人与自然和谐共生的现代化"①的科学论断；从人与自然是生命共同体、人类命运共同体"两个层面"，提出了构筑尊崇自然、绿色发展的生态体系和构建清洁美丽世界的目标。这进一步深化了对生态文明建设的探索，体现了与时俱进、层层深入的认识观，是中国特色社会主义生态文明建设的重大理论创新，成为以习近平同志为核心的党中央治国理政的重要内容。

第二，党的十九大报告首次将"美丽"作为社会主义现代化强国的重要标志之一。报告提出"两个阶段安排"，明确到2035年中国基本实现社会主义现代化时，我国生态环境根本好转，美丽中国目标基本实现；到本世纪中叶，把我国建成富强民主文明和谐美丽的社会主义现代化强国，我国物质文明、政治文明、精神文明、社会文明、生态文明将全面提升。新的奋斗目标与包括生态文明建设在内的"五位一体"总体布局实现了一一对应，建设美丽中国的目标指向更加明确，为发展生态环境保护事业树立了强大的目标导向。

第三，党的十九大报告深刻阐述了生态文明建设的主要矛盾，瞄准

---

① 习近平：《决胜全面建成小康社会　夺取新时代中国特色社会主义伟大胜利——在中国共产党第十九次全国代表大会上的报告》，人民出版社，2017，第50页。

生态环境的突出问题，着力推进生态文明建设，构建了中长期的生态环境发展目标和发展路径。绿色发展是引领，环境治理是重点，保护生态是关键，监管体制是保障。四者紧密联系、相互贯通，共同构成了中国特色社会主义生态环境保护的科学路线图。

三　人与自然和谐相处的现代化范式

社会主义物质文明建设、精神文明建设，以及社会主义民主政治建设、社会建设，重点解决的都是如何实现经济社会全面进步、人的全面发展问题。随着社会主义现代化建设的迅速发展、改革开放的日益深化，实现人与自然和谐共生问题日益凸显，生态文明建设的战略地位迅速上升。这种情况推动我们党在十八大和十九大前后，在社会主义文明观认识上实现了阶段性提高。其标志有二：一是在党的十九大报告中提出"我们要建设的现代化是人与自然和谐共生的现代化，既要创造更多物质财富和精神财富以满足人民日益增长的美好生活需要，也要提供更多优质生态产品以满足人民日益增长的优美生态环境需要"[1]；二是在党的十九大报告中将本世纪中叶社会主义现代化目标确定为"把我国建成富强民主文明和谐美丽的社会主义现代化强国"[2]，并做出一系列战略安排和部署。

（一）绿色发展是推进人与自然和谐共生的现代化建设的基本途径

"绿水青山就是金山银山"这一科学论断表明经济发展和环境保护相互依赖、相辅相成，两者需要互融互通、协同发展。生态环境是人类赖以生存和发展的基础和前提，就生态环境本身而言，其蕴含着丰富的价值，是社会生产的源头活水，包含着巨大的生产力。走现代化可持续发

---

[1]　习近平：《决胜全面建成小康社会　夺取新时代中国特色社会主义伟大胜利——在中国共产党第十九次全国代表大会上的报告》，人民出版社，2017，第50页。

[2]　习近平：《决胜全面建成小康社会　夺取新时代中国特色社会主义伟大胜利——在中国共产党第十九次全国代表大会上的报告》，人民出版社，2017，第29页。

展道路，要认识到"绿水青山"和"金山银山"是可以相互转化的，竭泽而渔的生产方式已不适应当前的发展形势，面对生态退化、环境恶化、灾害频发，优美生态环境在不少地方成为稀缺物甚至是奢侈品。人们越来越认识到，生态环境是宝贵的，保护生态环境，就是实现生态环境价值和生态资本增值的过程。

（二）培育支撑生态文明建设的生态文化

为建设人与自然和谐共生的现代化，要培育支撑生态文明建设的生态文化。应摒弃现代化过程中形成的人类中心主义、片面物质主义和消费主义等观点，加快构建生态价值观和生态消费观，树立整体生态观。现代资本主义社会过于重视个人权利的保障，强调个人利益和需要的满足，容易走向个人主义。生态文明建设的原则要求是树立人、自然和社会有机联系和统一的整体观。人生存与发展的基础在于自然生态系统的多样性和完整性。人作为生物有机体，必须将自身纳入整个生态系统，只有维护好整个生物圈的生态平衡，才能最终保护好人类自己。要倡导绿色、低碳、节约的生活方式。现代社会人们追求物质主义、消费主义、金钱至上的生活方式，这种不健康的生活方式也逐渐影响到我国。生态文明建设则要求全社会形成一种可持续的绿色生活方式，而形成绿色生活方式需要社会中的每个个体从自我做起。一是适度合理消费。消费是为了满足人们对商品、服务多样化和个性化的需求，要提倡适度合理消费，反对过度消费，反对以炫耀物质财富的方式显示自我的需求。二是绿色消费。即避免污染和破坏环境，以崇尚自然和保护生态为特征的可持续性消费。既要选择未被污染、有利于公众健康的绿色产品，又要倡导节约能源资源，不给环境造成污染。

（三）完善和实施生态文明制度体系是保障

要建设人与自然和谐共生的现代化，就要完善和实施生态文明制度体系。生态文明制度体系要系统配套、运转高效、职责明确、有法可依。当前我国基本形成了立法科学完备、执法和问责逐步完善的生态文明制度体系，但生态文明制度体系亟待落地生根，发挥实质性作用。

1. 坚持生态文明制度的价值取向

生态文明制度建设的目的是为人民谋福利，而在制度实施时需要主体间进行高效的协同以保证全流程的专业性，这是生态文明建设水平的重要标志。这就要求我们在制度设计的价值目标方面，坚持人、自然与社会的和谐统一以实现可持续发展；在价值取向方面，坚持为人民群众创造更优美的生态环境的立场；在价值原则方面，坚持协同原则，即生态文明制度同物质文明、政治文明、精神文明、社会文明制度相协同又互为补充。

2. 加快生态文明体制改革

其核心是加强政府职责的内在协调和监管执法的作用。省以下环境监察执法垂直管理制度和中央环保督察体制的建立，生态环境部和自然资源部的成立，为推进生态环境的监管和执法提供了组织保障。首先，进一步完善生态环境管理体制。彰显环境管理的激励与约束作用，强调生态环境考核指标结果运用的多样性与实质性。其次，加快推进国家公园体制改革试点工作，完善主体功能区配套制度；加快落实自然资源产权制度、自然资源有偿使用制度和生态环境损害赔偿制度；积极探索市场化、多元化生态环境补偿机制，有效利用排污权和碳排放权交易制度，逐步实施环保税制度。最后，加快推进企业排污许可制度、信息强制性披露和环境信用等级评价制度建设，督促企业内部自律，自觉将环保法定义务落实执行到位，推动企业落实自行申报制度。

3. 改革生态环境监管机制

健全生态环境监管机制，有序整合监管力量，完善监管法律授权，注重监管职责的统一和独立。促进环境监管机制由政府主导向更为广泛的社会、媒体监督模式转型，从单纯依靠行政手段到通过经济、信息技术和法律方式实现高效监管。以政府监督为重要推动力，将公、检、法等司法监督与公民监督、社会监督相结合。以法律形式明确公民的环境权与参与权，确保监督实效。

第三节　保护生态就是发展生产力

一　打好捍卫蓝天白云的蓝天保卫战

2018 年 5 月，习近平在全国生态环境保护大会上的讲话中指出："坚决打赢蓝天保卫战是重中之重。这既是国内民众的迫切期盼，也是我们就办好北京冬奥会向国际社会作出的承诺。""环境就是民生，青山就是美丽，蓝天也是幸福。发展经济是为了民生，保护生态环境同样也是为了民生。"[①] 2019 年 3 月，习近平参加十三届全国人大二次会议福建代表团审议时指出："加快老区苏区发展，要有长远眼光，多做经济发展和生态保护相协调相促进的文章，打好污染防治攻坚战，突出打好蓝天、碧水、净土三大保卫战。"[②]

2018 年 7 月，国务院印发《打赢蓝天保卫战三年行动计划》（以下简称《三年行动计划》），这是继《大气污染防治行动计划》（以下简称《大气十条》）之后，国家针对通过综合治理大气污染落实生态文明建设战略布局提出的又一纲领性文件。中国已经进入强调高质量发展的新时代，人民群众日益要求美好的生态环境，清洁的空气、干净的水源等都是美好生态环境的重要体现。《三年行动计划》的出台具有时效性，较好地体现了人民群众的诉求，为中国经济发展提质增效提供了动力。《大气

---

① 《习近平谈治国理政》（第三卷），外文出版社，2020，第 368、362 页。
② 《2019 年，习近平这样推进三大攻坚战》，人民网，http://politics.people.com.cn/n1/2019/1211/c1024-31501867.html，最后访问日期：2021 年 5 月 17 日。

十条》实施至今，全国空气质量相关指标明显改善，重点区域空气质量明显好转。然而，二氧化硫、氮氧化物、烟粉尘和非有机性挥发物等大气污染物排放量仍然处于高位，大气环境形势不容乐观，离打赢蓝天保卫战还有一段距离。

二　打好捍卫青川绿水的碧水保卫战

2020 年 5 月，习近平总书记在参加内蒙古代表团审议时强调，"要保持加强生态文明建设的战略定力，牢固树立生态优先、绿色发展的导向，持续打好蓝天、碧水、净土保卫战"①。2020 年是污染防治攻坚战的决胜之年，也是水污染防治攻坚战"大考之年"。

着力打好碧水保卫战，要坚持以习近平新时代中国特色社会主义思想和习近平生态文明思想为指导，深入贯彻习近平总书记关于全面推行河（湖）长制系列重要指示精神，坚持新发展理念，提高政治站位，切实增强责任感使命感，保持生态文明建设战略定力，以钉钉子精神抓落实，推动水污染防治法有效实施。要加大综合治理力度，坚持问题导向、目标导向，强化系统治理、社会治理、依法治理，精准施策、对症下药，提高治理成效，推动水环境质量持续改善。要加强农村水环境治理，完善农村河（湖）长体系，抓好农村人居环境整治，全面推进农村生活垃圾处理、生活污水治理，加大农村面源污染防治力度，加快建设美丽乡村。要做好宣传工作，坚持整体性治理理念，充分调动包括公众在内的全社会力量，形成治污防污的合力。

三　打好捍卫田园净土的净土保卫战

习近平总书记在党的十九大报告中强调要抓重点、补短板、强弱项，

---

① 《习近平在参加内蒙古代表团审议时强调　坚持人民至上　不断造福人民　把以人民为中心的发展思想落实到各项决策部署和实际工作之中》，人民网，http://nm.people.com.cn/n2/2020/0522/c196667-34036511.html，最后访问日期：2021 年 5 月 23 日。

"特别是要坚决打好防范化解重大风险、精准脱贫、污染防治的攻坚战，使全面建成小康社会得到人民认可、经得起历史检验"①。

土壤污染一直是一个棘手问题，由于其原因的复杂性以及后果的长期性，需要合理布局，综合治理。土壤污染的成因主要有三个。一是工矿业的"三废"排放。二是农业面源污染。化肥、农药、地膜的过度使用，造成污染物在土壤中长期残留。禽畜饲料中含有铜、锌、砷等添加剂，长期使用禽畜粪便作为有机肥也可造成土壤污染。三是垃圾围城、围村，污染土壤。农村垃圾治理是我国乡村建设的巨大难题，近年来，我国各地因农膜、秸秆等农业废弃物处理不当污染环境的案例比比皆是，甚至威胁到"菜篮子"和"米袋子"的安全。②

土壤污染主要有四个特点。一是土壤污染具有不易观察性和长期滞后性。不像大气污染和水污染人们可以直观察觉到，土壤污染往往要经过一系列复杂的检查才能认定，其中包括土壤样品检测、农作物监测分析等。二是土壤污染具有累积性。与大气和水体相比，污染物更难在土壤中迁移、扩散和稀释，因此污染物容易在土壤中不断累积。三是土壤污染具有不均匀性。由于土壤性质差异较大，而且污染物在土壤中迁移慢，土壤中污染物分布不均匀，空间变异性较大。四是土壤污染具有不可逆性。由于重金属难以降解，重金属对土壤的污染基本上不可逆转。另外土壤中的许多有机污染物也需要较长的时间才能降解。

土壤污染并非一朝一夕而致，问题的解决也不可能一蹴而就。我们要充分认识土壤污染防治工作的紧迫性、长期性、艰巨性、复杂性，既要做好打攻坚战的准备，更要具备打持久战的耐心。党中央、国务院高度重视土壤污染防治。2016 年 5 月，国务院发布《土壤污染防治行动计

---

① 习近平：《决胜全面建成小康社会 夺取新时代中国特色社会主义伟大胜利——在中国共产党第十九次全国代表大会上的报告》，《人民日报》2017 年 10 月 28 日，第 1 版。
② 韩洁、何雨欣、仲蓓：《"垃圾围村"如何成功突围》，《农村·农业·农民》（A 版）2015 年第 12 期，第 15~16 页。

划》。2018 年 5 月，习近平总书记在全国生态环境保护大会上强调："要全面落实土壤污染防治行动计划，推动制定和实施土壤污染防治法。突出重点区域、行业和污染物，强化土壤污染管控和修复，有效防范风险，让老百姓吃得放心、住得安心。"① 在党中央、国务院的有力领导下，生态环境部同各地区各部门深入贯彻习近平生态文明思想，切实贯彻落实《中华人民共和国土壤污染防治法》《土壤污染防治行动计划》，扎实推进净土保卫战，取得了积极成效。

　　绿水青山就是金山银山，良好的生态环境是促进粤港澳大湾区可持续发展、高质量发展的重要保障。2018 年 10 月，习近平总书记视察广东并发表重要讲话时强调，要深入抓好生态文明建设，统筹山水林田湖草系统治理，深化同香港、澳门生态环保合作，加强同邻近省份开展污染联防联治协作。② 粤港澳大湾区要提升整体影响力，必须持续改善生态环境质量，不断提升宜居水平。与此同时，粤港澳大湾区进入全面创新发展阶段，高水平的创新型人才对良好生态环境有更高的要求，优质生态环境更有利于吸引人才、资本等创新要素集聚。

　　《粤港澳大湾区发展规划纲要》把生态环保建设放于优先位置。2019年 2 月 18 日，中共中央、国务院正式印发了《粤港澳大湾区发展规划纲要》（以下简称《纲要》）。早在 2010 年，粤港合作的第一个纲领性文件《粤港合作框架协议》中就已把生态建设和环境保护列入建设优质生活圈的优先位置。因此，《纲要》第二章总体要求中把"绿色发展，保护生态"作为六大原则之一，把"绿色智慧节能低碳的生产生活方式和城市建设运营模式初步确立，居民生活更加便利、更加幸福"作为六大目标之一。

　　湾区是河流、海洋、陆地三大生态系统交汇的区域，有丰富的海洋、

---

① 《习近平谈治国理政》（第三卷），外文出版社，2020，第 369 页。
② 《习近平在广东考察时强调　高举新时代改革开放旗帜　把改革开放不断推向深入》，《人民日报》2018 年 10 月 26 日，第 1 版。

生物、环境资源以及独特的地理景观和生态价值，更有条件依托资源环境禀赋打造宜居宜业的环境优势，提升城市的发展质量和生活品质。湾区集聚了大量人才和高端产业，对生态环境要求较高（旧金山一度因为环境优美成为加利福尼亚州人口净流入地区）。

对标国际三大湾区，粤港澳大湾区生态环境是最大短板。粤港澳大湾区的第三产业占比相对较小，$PM_{2.5}$ 指标几乎为纽约湾区的三倍，湾区内生态保护与经济发展缺乏深度协同。一是在空间布局上，部分地区陆海统筹意识不强，空间规划和城市功能定位缺乏特色；二是在产业发展上，产业结构趋同问题突出，产业转型升级动能不足；三是在生态环境上，与其他世界级湾区相比，粤港澳大湾区生态环境质量仍有不小差距，水环境质量问题和臭氧污染问题等日益突出。

粤港澳大湾区致力于打造连接中国和世界的超级枢纽，旨在建设世界级湾区，本身也包含了生态环境质量瞄准世界级水准的目标。由此，《纲要》提出打造生态防护屏障，构建生态廊道和生物多样性保护网络；加强珠三角周边山地、丘陵及森林生态系统保护；推进"蓝色海湾"整治行动，保护沿海红树林，建设沿海生态带。2019年在全国"两会"上广东代表团指出，坚持全球视野，对标国际一流湾区，积极配合国家有关部门编制粤港澳大湾区生态环境保护规划。以规划为指导，深化区域生态环境保护合作，推动粤港澳大湾区生态环境质量持续改善。

绿色技术创新是实现绿色发展的重要驱动力，粤港澳大湾区依托制造业基础推动绿色产业发展。粤港澳大湾区应以港澳发达的金融为动力，以珠三角发达的制造业为支撑，将绿色产业发展壮大。引导粤港澳大湾区新一代信息技术、新能源汽车、新材料、节能环保、生物技术等战略产业发展，加快推动制造业转型升级，特别是传统产业园区的转型升级，实现经济、社会和生产效益的共赢。

建设以政府为主导、企业为主体、社会组织和公众参与的环境治理体制，不仅能缓解粤港澳大湾区一体化发展进程中的资源环境约束，而且能使优质生态环境成为粤港澳大湾区最公平的公共产品和最普惠的民生福祉，这对粤港澳大湾区的永续发展具有重大的现实意义。第一，生态产品是公共产品，生态利益总体上就是公共利益，尽管生态利益也有区域和主体的差别，但相对其他领域而言，生态文明领域的利益分化不是那么强烈和明显，各地区和各阶层的分歧较小，更容易达成共识。生态环境既是支撑粤港澳大湾区经济社会可持续发展的先决条件，也是关系三地人民尤其是港澳民众切身利益的现实问题。第二，生态环境是公共产品和稀缺的公共资源，公众既是生态环境的使用者和污染者，也是生态环境最有效的保护者。因此，基于公众参与的生态文明领域的改革，将实现经济和环境有机、综合、协调发展，实现自然与人的和谐发展。

第三章　构建保障人与自然和谐共生的绿色发展方式和生活方式

第一节　绿水青山就是金山银山

"建设生态文明是中华民族永续发展的千年大计"①"要把生态环境保护放在更加突出位置，像保护眼睛一样保护生态环境，像对待生命一样对待生态环境"②，对于保护好绿水青山、加强生态文明建设，习近平总书记历来看得很重。习近平总书记始终心系生态环境，在一次次考察调研中，看山、看林、看河、看湖、看田、看草，殷殷嘱托、深深牵挂，统筹谋划、长远擘画，引领美丽中国建设进入快车道。习近平生态文明思想是新的历史起点、新的国内外环境、新的时代要求背景下的重要方向指引。以马克思主义生态思想为基础，习近平创新性地提出了"绿水青山就是金山银山"的生态文明理念。"绿水青山"与"金山银山"并非天然和谐统一，在一定的发展阶段存在对立与矛盾，创造实现"绿水青山"与"金山银山"和谐统一的条件是经济社会发展的重要任务和必

---

① 《习近平谈治国理政》（第三卷），外文出版社，2020，第19页。
② 《习近平关于社会主义生态文明建设论述摘编》，中央文献出版社，2017，第8页。

然要求。中国经济进入新常态，增速放缓，同时转向绿色与高质量发展，各种矛盾与问题倒逼经济转型，推进生态文明建设是缓解我国现实矛盾的最佳途径。《"十三五"生态环境保护规划》指明了这一时期生态环境保护的机遇与挑战，也明确了提升环境质量的各主体的任务，将生态文明建设提到空前的高度。"十四五"期间在经济发展所面临的压力下，协同推进"双高"——生态环境高水平保护和经济高质量发展将是新的趋势。"十四五"期间将更多地推进经济政策和社会政策创新，包括信息手段、市场手段和消费领域的创新。

一 "两山论"勾勒了经济和环境可以共生的逻辑

习近平生态文明思想立足于"五位一体"的战略高度，谋篇布局高屋建瓴，并创新性地继承运用历史唯物主义和辩证唯物主义的世界观和方法论，回答了生态文明建设中的关键问题——为什么要建设生态文明和如何建设生态文明，提出了新观点新思想新理论，系统地论述了生态文明和经济发展、生产力和生态环境之间的辩证关系，阐述了生态和经济之间相互依赖相互转化的共生关系，是新时代建设美丽中国的重要指导思想。"绿水青山就是金山银山"的绿色发展道路体现了中国发展道路的智慧和可鉴性。发达国家处理环境与发展的关系，隐含着"先污染后治理"的思路，这是否可以成为发展中国家的选择呢？污染以后再付出代价进行治理合乎发展的逻辑吗？答案是否定的。一是并非所有的污染物治理都会随着人均收入的增加迎来拐点，例如二氧化碳排放和垃圾处理；二是"后治理"可能本身不现实或者代价十分昂贵，例如生态多样性的损失是不可逆的。此外，代际公平问题也值得重视。因此，中国的增长模式如果能够实现环境保护和经济发展的和谐统一，将促进经济对环境质量提升正面效应的发挥。

（一）"两山论"揭示经济与环境的共生关系

2005 年 8 月 15 日，时任浙江省委书记的习近平同志在浙江省安吉县余村考察时首次提出"绿水青山就是金山银山"理念，鲜活地勾勒了经济和环境的共生关系，描绘出经济发展和生态环境保护的新路径。党的十八大以来，党中央越来越突出建设美丽中国的理念，将生态文明建设列为工作重心之一。"绿水青山就是金山银山"是习近平统筹经济发展与生态环境保护做出的科学论断，是社会主义进入新时代的理论导向，有助于满足人民日益增长的美好生活需要。

习近平总书记对环境和经济关系的论述揭示了二者可以共生的逻辑。经济发展和生态环境保护的关系就好比"金山银山"和"绿水青山"的关系，这一比喻恰到好处、生动形象，是人与自然和谐共生、经济和生态齐头并进的美好例证，要深刻地意识到经济发展和生态环境保护是并行不悖而不是相互对立的关系，要坚定地转变发展方式和生活方式，牢固树立绿色可持续发展理念，为"绿水青山就是金山银山"生动实践贡献力量。

（二）"两山论"的认识发展阶段

要回答好生态环境保护和经济发展的关系需要一个认识不断深入的过程。习近平的"两山论"历经三个阶段：第一，"既要绿水青山，也要金山银山"，重心在经济，发展仍然是党执政兴国的第一要务，同时需要做到统筹兼顾，将发展和保护放在并重的地位；第二，"宁要绿水青山，不要金山银山"，重心在绿水青山，在保护，核心在决不以牺牲环境为代价换取短期的经济增长，决不走"先污染后治理"的老路；第三，"绿水青山就是金山银山"，重心在和谐、共生，核心在绿色、循环和低碳发展，通过现代化的绿色产业体系实现国民经济的绿色化。新时代生态文明建设需要坚持量的积累，持之以恒、久久为功，改善生态环境并非一朝一夕之事，而是一项长期工作，是世纪任务，我们要重视量的积累，在变化中寻求质的飞跃。划定生态红线不是限制经济社会发展，而是为解决生态环境问题提供制度保障，为更好、更快地实现科学发展提供行动指南。经济发展和生态环境保护之间的矛盾并非不可调和，二者之间是相生相息的关系。新时代背景下，生态红线是依据国内外环境状况做出的科学界定，设定底线目标虽然并非解决生态环境问题的治本之道，但能够有效改善其与经济发展的关系。生态环境具有自我修复能力，坚持生态红线的科学发展思想，把握生态环境自我修复能力的"度"，不仅能够维护人与自然的和谐关系，长久来看也将助力经济发展。

（三）"两山论"的内在辩证关系

"绿水青山就是金山银山"这一科学论断生动而形象地阐述了生态环境保护和经济发展之间的内在辩证关系，为新时代建设美丽中国提供了绿色理论指引。"绿水青山就是金山银山"具有双重内涵：一是"绿水青山"作为"金山银山"的基础可以为创造"金山银山"提供条件；二是利用"绿水青山"能够直接创造"金山银山"，例如发展生态产业，将生态优势转化为经济优势，让"绿水青山"不断产出财富。生态环境不存在替代品，必须高度重视和保护生态环境，始终把"绿水青山"当作宝贵资源，以良好的生态环境吸引人气、聚集财气，努力把生态效益更好地转化为经济效益和社会效益。保护生态环境功在当代，利在千秋。在推进新时代中国特色社会主义伟大事业过程中，我们必须牢固树立"绿水青山就是金山银山"的理念，全面系统地认识与理解"绿水青山"和"金山银山"的辩证统一关系，高度重视生态环境保护，推进绿色发展，打好蓝天、碧水、净土保卫战，让美丽多姿的"绿水青山"为我们带来富饶丰盛的"金山银山"。

二 生态文明建设是实现高质量发展的基础

生态文明建设是实现高质量发展的基础。环境问题的恶化不断触碰生态红线，在我国现代化进程中，适时提出生态文明建设为当前解决环境问题提供了方案。"十二五"以来，在强化大气、土壤、水污染防治，加大生态环境综合保护力度的努力下，我国生态环境质量明显改善，完成了"十二五"规划中规定的主要任务。但由于我国经济发展方式并未从根本上转变，资源紧张、环境污染严重依旧是实现高质量发展的硬约束。我们既要看到马克思主义人与自然关系的思想是生态文明建设的理论基石，又要善于以马克思主义理论实现对生态文明建设的战略指引，在更高层次、以更远视野把握生态文明建设的若干重大理论和实践问题。放眼全国，生态文明建设格局正有序铺开，东部经济较为发达地区已经全力开展生态文明建设。从南北布局看，山东、江苏、浙江、福建、广东生态文明建设稳步推进。从中西部区域看，生态文明建设虽然处于起步阶段但也进行了一些有益、可行的探索。广西、云南、湖北出台了文件，贵州生态文明建设逐渐步入法治化轨道。四川、陕西开始由小到大摸索生态县的良好建设，并形成了落地示范效应。生态文明建设并非一朝一夕之事，要根据不同区域的不同特点因地制宜、顺势而为，不断累积"绿色先锋"的实践经验，逐步形成一系列可复制可推广的普遍性做法，让生态文明建设和现代化建设相互推进相互融合，着力推进绿色经济、循环经济和低碳经济发展。

党的十八大以来生态文明建设方面发生的广泛而深刻的变化，有其深远的社会历史背景。一方面，基于对生态文明建设的规律性认识和把握的重大飞跃，形成了习近平生态文明思想；另一方面，生态文明建设成为经济高质量发展的基础，生态文明建设与经济高质量发展的不平衡、不协调模式亟须改善。因此，需大力推进生态文明建设，盯紧底线红线，全力补齐短板，使生态环境保护硬约束成为带电的"高压线"。

生态文明建设离不开生态经济建设。生态经济建设是生态文明建设的基础，是金字塔的底层，为生态文明建设打造稳定的地基。保护生态环境就是保护生产力，改善生态环境就是发展生产力。我国生态文明建设需要从产业生态化和生态产业化两端共同施力。传统重化工业以推进供给侧结构性改革为主线，产业经济结构不断优化，发展方式转变成效显著，经济发展质量变革、效率变革、动力变革加速推进，发展质量和效益不断提升；绿色生态产业体系逐渐规模化，现代化、工业化和城镇化步伐加快，绿色新兴产业层出不穷、百花齐放，清洁能源、新能源汽车、大数据、人工智能、绿色供应链等正改变着产业生态。以互联网为基础的数字经济正释放着巨大的潜力。绿色服务业蓬勃发展，生态旅游、生态康养产业等应运而生，区域绿色属性凸显。

应完善方式方法，提升推进生态文明建设的政治担当和能力水平。新时代生态文明建设要求我们以习近平生态文明思想为导向，全力以赴打好污染防治攻坚战，担负起生态文明建设的政治责任和历史责任。习近平总书记指出："打好污染防治攻坚战时间紧、任务重、难度大，是一场大仗、硬仗、苦仗，必须加强党的领导。"① 党的十八大以来，我国生态文明建设发生了历史性、转折性、全局性变化。"生态文明建设正处于压力叠加、负重前行的关键期，已进入提供更多优质生态产品以满足人民日益增长的优美生态环境需要的攻坚期，也到了有条件有能力解决生态环境突出问题的窗口期。"② 在这个关键时期，党中央审时度势，提高政治站位，进行眼光长远的判断，从中长期规划出发，制定了新时代生态文明建设的组织路线图，科学布局任务，肩负起生态文明建设的政治重担。生态文明建设取得实效的关键一点在于，通过规范的考核评价形

---

① 习近平：《推动我国生态文明建设迈上新台阶》，《求是》2019 年第 3 期。
② 习近平：《推动我国生态文明建设迈上新台阶》，《求是》2019 年第 3 期。

成激励与约束。"刑赏之本，在乎劝善而惩恶"（《旧唐书》），只有对那些损害生态环境的领导干部真追责、敢追责、严追责，做到终身追责，制度才不会成为"稻草人""纸老虎""橡皮筋"。

三　绿色发展是实现高质量发展的路径

经济高质量发展的新路子意味着要把生态文明建设和绿色发展放在突出位置，不断明确发展方向、建设重点和关键。

2019 年 2 月，《求是》杂志登载的习近平总书记的导向性文章《推动我国生态文明建设迈上新台阶》指出，"生态环境是关系党的使命宗旨的重大政治问题，也是关系民生的重大社会问题"，"我们要积极回应人民群众所想、所盼、所急，大力推进生态文明建设，提供更多优质生态产品，不断满足人民日益增长的优美生态环境需要"①，再一次将生态文明建设提到高位。

（一）绿色发展是新时代生态文明建设的迫切需求

我国社会主要矛盾的转化意味着美好生活已经成为人们最真实的追求，而"美好生活"是一个多维的、综合的概念，优美的生态环境是其中重要的组成部分。在基本物质生活需求得到满足的基础上，人们期盼提升生存环境的品质——青山绿水、蓝天白云，自然的价值虽难以精确计量，但毫无疑问是巨大的。与美好愿景相对应的是，中国生态文明建设正处于挑战重重的攻关期、窗口期。党的十八大以来，以习近平同志为核心的党中央把"绿色发展"纳入新时代五大发展理念，把"坚持人与自然和谐共生"归入新时代坚持和发展中国特色社会主义的基本方略，把"生态文明"写入宪法，把"美丽中国"确定为建设社会主义现代化强国的重要目标。绿色发展不仅是习近平生态文明思想的重要组成部分，

---

① 习近平：《推动我国生态文明建设迈上新台阶》，《求是》2019 年第 3 期。

也是新发展理念内涵的延伸。从以往的发展现实来看，传统高投入、高消耗、高污染的粗放型生产方式和生活方式已经不适应现代化社会的可持续发展，走经济发展和生态环境保护的协同之路才是当下的正确选择。

（二）实现遵循新发展理念的高质量的绿色发展

高质量发展建立在减少资源在生产过程中的消耗、强化生态环境全方位保护的基础上，这就要求我们在发展过程中统筹好经济发展和生态环境保护的关系，以生态优先为导向实现更绿色、更可持续的经济发展。一方面，高质量发展要在尊重经济规律以及生态规律的同时实现两者的协调。高质量发展不能脱离"发展"，实现社会生产的进步十分关键，但同时，"高质量"又要求摒弃高投入、高能耗、高污染、高排放的传统增长方式，转为低投入高产出——资源能源消耗少、生态效益高的资源节约型和环境友好型发展方式。另一方面，高质量发展兼顾经济发展和社会福祉。良好生态环境是最普惠的民生福祉，优美的生活环境关涉人民群众的生命健康和生活质量，直接影响人民群众的获得感、幸福感、安全感。高质量发展既是妥善解决发展失衡等问题的重要方式，也是满足人民美好生活需要的重要途径。此外，高质量发展是经济财富与自然财富的有机统一。"绿水青山就是金山银山"表明"绿水青山"是生产力，既是自然资源财富也是社会经济财富。生态环境保护和经济发展是辩证统一的关系，优良的生态环境蕴含着无尽的创造力，其中具备巨大的经济价值。高质量发展既要创造更加丰富的经济财富，又要维护好人类赖以生存的自然财富，以实现二者的有机统一。

（三）绿色发展的重要着力点

绿色发展需要落实到构建高质量发展的现代化经济体系当中，实现经济发展方式的跨越性转变。过去高增速是我国经济发展的重要特征，而进入新时代后，高质量发展成为新的时代任务。这一阶段，是转变经济发展方式、优化经济结构、转换经济增长动力的攻关期，构建现代化经济体系是攻关期的必然要求和迫切方向。这就要在新兴产业如现代供应链、共享经济、人力资本服务等方面建立新的经济增长点，形成新动能，使绿色发展与创新发展、协调发展、开放发展、共享发展相互依赖、相互作用，助力高质量发展的现代化经济体系的构建。

中国特色社会主义新时代新在我国的主要矛盾已经发生转变，新的社会矛盾对社会发展提出了新的要求，基于此，我们必须牢固树立可持续发展理念，坚持绿色发展，加大对良好生态产品的供给以满足人民日益增长的优美生态环境需要，促进社会的全方位发展和人的全面进步。实现绿色发展，需要形成全方位全地域全过程推进格局。一是在制度建设上发力。主要包括政策体系、经济体系和技术创新体系的构建，形成绿色低碳发展的多维体系格局。二是在战略导向上发力。把绿色发展和生态环境保护放在更突出、更重要的位置，让绿色发展成为一种战略导向，结合经济高质量发展和供给侧结构性改革，切实推进资源节约和循环利用，大力培育和发展绿色产业，实现生产系统和生活系统循环链接，逐渐将绿色发展方式推向经济社会发展的主流。三是在战略推进上发力。树立一盘棋思想，厘清政府和市场、个人和群体、近期和远期、整体和局部的协调关系。坚持发展与保护相互促进，在保护中发展，在发展中保护，以保护助推发展，以发展助力保护。坚持城乡共治共绿，对城乡绿色发展进行集中规划，统筹协调。强化乡村重点治理，包括土壤污染防治、环境整治和生态保护。坚持增量与存量并重，把发展与治理结合起来，在推动增量绿色发展的同时，加快存量动能的接续转换，加快对生态环境和污染问题的整治。坚持生产和生活一起抓，把绿色发展贯穿于经济和社会发展的全过程，在积极打造绿色生产方式的同时，全力打造绿色生活方式，以更加绿色的生活方式改变人们的衣、食、住、行，让"绿色"成为生活常态。①

第二节　建立保障和推动绿色发展的市场体系

一　推进退耕还林，实现良好经济效益

探索推进退耕还林，统筹耕地和林地用地平衡，不仅有利于恢复国土的生态功能，优化生态屏障，也有利于实现良好的经济效益。为推进退耕还林工程，进一步改善经济效益，可以实行以下措施。一是严格践行退耕还林的相关政策法规，贯彻强调农户的自愿参与原则，辅以政策性的指导和建议，把扶贫开发作为政策重点，优先安排有劳动能力和劳动意愿的贫困户参与退耕还林。同时兼顾生态目标，对退耕土地实施审查，提高政策瞄准性。二是提高补贴标准，以此提高农户的参与度，减少执行过程中的障碍，充分发挥退耕还林补贴的收入分配效应和减贫消贫作用，在当今财政体制改革的背景下，退耕还林补贴作为民生支出项目具有类似于社会保障的功能。三是通过技术培训和就业指导等辅助措施提供更为全面的支持。四是改革与优化配套的制度，改善农民工就业的市场环境。例如，政府可通过简化创业审批流程、完善市场机制、拓宽农副产品的销售渠道等方式，直接参与到农民的生产过程中，为其提供服务等。除此之外，还应加大对农民群体的政策性信贷支持，适当简化贷款审批流程、放宽贷款额度等。五是注重新农业技术的开发与应用。六是从长期看，核心措施是提升农民群众的人力资本。②

---

① 李百汉：《推动绿色发展需抓住五大"着力点"》，中国经济网，http://bgimg.ce.cn/xwzx/gnsz/gdxw/201907/19/t20190719_32663548.shtml，最后访问日期：2021 年 2 月12 日。
② 《退耕还林生态效果显著　相关政策重心待改进》，中投网，http://www.ocn.com.cn/touzi/chanjing/201711/uphhh05105258.shtml，最后访问日期：2021 年 5 月 17 日。

二　以林业碳汇为突破口，实现生态产品价值

生态产品是生态系统为维系生态安全、保障生态调节功能、提供良好人居环境而提供的产品。以"绿水青山"为代表的高质量森林、草地、湿地、海洋等生态资产，为人们的生产生活提供了必需的生态产品与服务。从"大写意"到"工笔画"，健全完善生态产品价值实现机制，推动"绿水青山"向"金山银山"转化，是我国当下生态文明制度建设的重中之重。林业碳汇不仅为实现生态产品价值提供有效思路，也在减缓全球变暖方面提供重要助力。森林因其生物特性具备碳汇功能，是陆地生态系统中最大的碳库，通过有效的保护和合理的利用能够实现森林生态价值和经济价值的统一。2020年起，广东省全面推广基于林业碳汇的生态补偿模式，全省符合开发标准的生态林均被纳入碳汇交易体系，基于林业碳汇的生态补偿"广州模式"走向全省。林业碳汇交易是绿色金融体系中一项多方共赢的措施，林场通过委托碳排放权交易所对碳普惠减排量进行交易，成交后林场获得碳汇收益，而购买碳普惠减排量的控排企业则可抵消自身产生的碳排放，从而实现以生态资源换"真金白银"，实现生态保护和农村经济发展双赢。

广州市花都区梯面镇的森林复绿案例是生态产品增值的典范。花都区梯面镇是典型的林业镇，全镇森林覆盖率达到83.5%，苍翠茂密的森林成为广州北面一道"绿色屏障"。位于梯面林场内的王子山生态保护林如今树木繁茂，满眼绿色。广州首个碳普惠林业项目落户这里，同时，梯面镇大力开发生态旅游，红山村等成为"网红村"，梯面镇成了生态保护的排头兵。但让人想象不到的是，在20多年前，这里却是满目疮痍。20世纪90年代，在经济利益驱动下，梯面镇山林过度开采，最高峰时有189个采石场、挖泥厂。1997年5月8日，乱开挖终于引发了大洪灾，给林地村庄造成了损失，还造成了人员死伤。痛定思痛，村民们开始积极

配合关停清退林场内所有的采石场、挖泥厂，2003年梯面镇采石场全面关停，用五年多时间完成了森林复绿工作。梯面镇有了自己的森林消防员、护林员，到现在从未发生过大的山火。同时，梯面镇大力发展生态旅游业，红山村等开始走红。

"绿水青山就是金山银山。"红山村的走红让人们看到了这句话的真实诠释。但是梯面镇近十万亩生态林多数都在陡峭的山地上，生态林不能砍伐，陡峭山林又不适合开发旅游，如何才能"变现"呢？通过将目光投向"绿色金融"，探讨林业碳普惠项目的可行性，梯面镇最终推动了广州市首个林业碳普惠项目落地。

梯面林场获签碳普惠核证减排量（PHCER）13319吨，2018年2月这1.3万吨减排量成功交易，成交金额约22.72万元，成为广州市首个成功申报的林业碳普惠项目。去除成本，这一项目最终为林场带来了约20万元的真金白银，实现了生态保护和农村经济发展双赢。梯面镇采用"面上保护，点上开发"的思路，借助入选首批广东省森林小镇的契机，积极探索碳普惠、林下经济、生态旅游等多个方面的发展路径。首个梯面镇林业碳普惠项目的成功交易，定会吸引更多绿色产业项目与梯面镇"牵手"。[①]

林业碳汇交易是绿色金融体系中一项多方共赢的措施，是实现生态产品价值的有效途径。林业碳汇交易是碳排放权交易蓬勃发展的一个缩影，应不断在全国范围推广碳排放权交易和林业碳汇交易的创新经验，开展试点工作，探索与国际接轨并有中国特色的碳汇市场。广州市花都区梯面镇将"绿水青山"资源转化为人民群众手中的"金山银山"，切实变"活树"为"活钱"，表明通过林业碳汇交易实现生态产品价值具有可行性和有效性，这为全国生态产品价值实现路径提供了有益启示。

另外，可利用好绿色金融这一重要抓手，积极盘活生态资源资产。

---

① 《花都梯面林场试水碳普惠项目　靠生态林吸收二氧化碳赢得碳汇收益》，搜狐网，https://m.sohu.com/a/322128595_120156313，最后访问日期：2022年3月12日。

应合理探索碳普惠项目的发展潜力，建立健全碳排放权交易体系，完善碳排放权质押融资实施标准和林业碳汇生态补偿机制，尝试"构建基于绿色金融体系的生态补偿平台"，探讨开发湿地、草地等生态补偿市场化产品，使生态产品价值实现多样化。

生态产业化，培育绿色发展新动能。积极探索碳普惠、生态旅游、林下经济等多个绿色发展路径。提升自然资源利用率和劳动生产率，提高综合经营效益，促进农民持续、普遍、较快地增收致富。通过生态产品价值的实现，将看不见摸不着的森林呼吸转化为"真金白银"。

三 深化生态补偿机制，完善生态文明制度体系

中共中央办公厅、国务院办公厅印发的《关于深化生态保护补偿制度改革的意见》提出，要围绕生态文明建设总体目标，加强同碳达峰、碳中和目标任务衔接，进一步推进生态保护补偿制度建设，发挥生态保护补偿政策的导向作用。生态补偿是实现"绿水青山就是金山银山"理念的重大举措，是贯彻落实习近平生态文明思想的重要体现。党的十八大以来，虽然生态补偿工作加速推进，生态补偿地位不断提升，基本覆盖重点生态功能区与流域、大气、森林、草原、海洋等重点领域，国家生态补偿格局基本建立，但是生态补偿制度建设仍然面临支撑服务碳达峰、碳中和工作不足，财政资金支持力度不足，市场化和多元化生态补偿机制不健全，实施保障能力弱，科技支撑作用发挥不够等问题，需要不断深化改革，完善制度。未来，推进生态补偿工作，需要坚持"谁受益谁补偿"和稳中求进的原则，强化政策指导，优化补偿模式，加快推进生态补偿立法，保障生态保护者和受益者之间的和谐关系，让生态保护者利益得到切实维护和加强。[1]

---

① 刘桂环：《生态补偿：让保护者得到真正的实惠》，光明网，http://news.gmw.cn/2020-01/18/content_33491723.htm，最后访问日期：2021年5月23日。

1. 建立防治联动机制

长期以来，由于流域内各地区、部门之间的协调与合作机制不健全，不同地区、部门缺乏有效的沟通、衔接和配合，在管理实践中不同程度地存在着规划、监测不协调等问题，这不仅造成人力、物力和财力的极大浪费，同时也导致水资源保护与水污染防治工作不同环节衔接不紧密，使工作成效大打折扣。

流域生态系统通常是跨行政区的，而行政区域因政治划分是中断的，这种自然生态系统的连贯性与人类政治结构的分割性之间的矛盾是流域生态问题难以解决的关键症结，各地方政府以本区域利益为导向进行经济活动往往会产生无法预估的负外部性。流域横向生态补偿则将不同政治区划的利益、责任和义务联系在了一起，实行责权利平等原则，促进流域上下游成员认识到他们拥有共同利益，也共同具有流域生态利益享有权，同时重视在权利实现中不可推卸的责任和义务及必须承担的相关流域生态建设的义务。

流域上下游之间需要开展流域全面规划，将全流域的自然资源要素、生态环境要素、经济社会发展要素等进行统筹规划，明确流域资源综合开发、利用、保护和控制的范围及其责任主体，明确流域内水资源在各行政区进出口断面的水质要求，确定各行政区总配给水量、水质要求、排污总量的控制要求，同时对供水分配的协调机制、排污监测控制机制、监督与奖惩措施也要有所规划。水污染治理需要流域上下游的统筹治理。在治理过程中，流域上下游通过建立协商机制，就污染防控、污染检测和污染治理等方面开展各种形式的合作，加强各方的责任义务意识，建立联合治理模式，统筹推进全流域联防联控，明确建立联合监测、联合打捞、联合执法、应急联动等机制，促进各方合作共建，互利共赢。

同时，流域综合规划需要与区域规划、土地利用规划、国民经济与社会发展规划、城乡总体规划和环境保护规划相协调，任何区域的经济社会发展或任何开发建设项目都必须遵循流域责权利相统一的原则。

2. 建立流域补偿规章制度

生态补偿制度的建立需要通过国家或地方立法等约束来实现。中国现行的环境与环境保护立法，并没有针对流域生态补偿的法律制度。但许多法律法规都涉及生态补偿的内容，例如《中华人民共和国宪法》《中华人民共和国环境保护法》《中华人民共和国森林法》《中华人民共和国水法》等。此外，福建、浙江、江苏等地也出台了地方性法规对省内的部分小流域实施生态补偿。我国与流域环境保护相关的法律已初步形成，在实践中对生态补偿的实施起到了一定的规范作用，近年来我国有关水资源、流域管理、环境保护的法律法规和政策文件也涉及对生态保护和建设的扶持和补偿，习近平总书记不断强调要完善资源有偿使用制度，完善生态补偿政策，尽快建立生态补偿机制。

但制度本身还存在较多的缺陷，与建立中国的生态服务市场的制度需求相比，仍存在较大距离。我国的生态补偿机制正处于研究探索阶段，目前，国家只出台了生态补偿相关工作的指导性文件，而具体的操作性文件尚未出台，有关部门应就有效加强流域水质保护管理的目的针对牵头组织制定相关的工作指南，并明确具体的跨省断面水质目标值、补偿标准、补偿资金的额度、资金使用范围、支付体系等一系列内容，明确上下游双方的权利和义务。

3. 建立流域生态补偿与污染赔偿的双向补偿机制

双向生态补偿机制即流域上下游相互补偿的机制，对于未达标的水资源，上游地区向下游补偿，对于高于保护标准的水资源，下游地区向上游付费。针对水质情况形成具体的补偿制度，对补偿问题区别对待、分类解决。双向补偿机制的建立，对于各地区的协调发展起着重要作用，上下游根据协议完成情况和水质要求分配补偿资金，坚持权利与责任对等原则，使上游地区通过激励机制进行水体保护，而下游地区也能根据上游对水环境的保护情况做出利益分配。通过区别对待，对做出贡献者给予补偿，对造成污染者给予惩罚，体现了生态补偿机制中最基本的公平合理的价值追求，可以使污染问题得到更有效的解决。

为确保流域共同体各成员的责任、义务落到实处，还必须有一套行之有效的激励、约束和监督惩罚制度，并将其纳入各行政区干部绩效管理体系。若上游地区超量使用流域规划中分配的水资源造成下游地区无水可用，或污染物排放污染了下游地区，就应该惩罚该行政区，让其赔偿下游因污染导致的发展损失；若上游地区接受了相应的生态补偿，而出口水质却没有达到预定的标准，也必须受罚。反之，如果某行政区提供给下游的是经过努力后的多于国家规定出境水量指标的水量或是优于标准的水质，则应该得到相应的物质补偿，从而提高该地区在水质与水量保证上的积极性，提高流域内各区生态建设与保护的积极性。通过奖励—惩罚调节措施，最大限度地保障公平合理，维护流域的整体利益和长远利益。

4. 逐步建立"造血型"横向生态补偿模式

生态补偿是以经济手段激励生态服务的供给、限制公共资源的过度使用和解决拥挤问题，从而促进生态环境保护的制度安排。生态补偿的公共产品属性可以帮助我们确定在不同生态补偿类型下补偿主体的权利、责任和义务。因此，市场化生态补偿机制可以通过恰当的制度设计把生态保护外部性内部化，让生态保护的受益者支付相应的费用，从而激励生态环境的优质供给与确保生态投资者的合理回报。

财政转移支付是政府动用财政资源来筹措保护生态资源环境各项工程所需资金最快捷的方式，但绝不能作为唯一方式，现有的横向生态补偿机制多以资金补偿为主，可以在短期内实现"输血型"的生态补偿，而流域市场化生态补偿机制才能成为"造血型"的发展模式，可持续性的生态补偿机制一定要基于市场机制来实现。建立水权交易制度能将水资源生态补偿机制市场化，根据上下游在水流域范围内做出的努力及水质情况来分配各地区的取水量，同时建立取水量交易机制，水权不足的地区可向水权充足的地区购买取水权，促进水权在整个市场上的交易活跃度。

第三节　以绿色金融为生态文明建设实践
提供充足动力

一　绿色金融改革创新试验区实践探索绿色金融发展

（一）绿色金融改革创新试验区成效显著

2017 年 6 月以来，国务院先后在全国六省九地设立了绿色金融改革创新试验区，探索地方绿色金融发展新路径。经过几年来的实践，绿色金融改革创新试验区探索出一系列成功的路子。在政府的引导与推动下，各绿色金融改革创新试验区实现了体制机制重大创新，推广了一批可复制的经验，形成了显著的特色。随着绿色金融改革在全国铺开，试验区的先进经验和创新能力逐渐形成试点效应，绿色金融效能进一步提升，对全国节能环保事业发展、经济绿色发展、产业绿色转型、"双碳"目标实现的支持和促进力度进一步加强。

2020 年，在绿色金融政策体系引导下，各试验区不断推动绿色金融产品和服务方式创新发展，不断拓展绿色金融融资渠道，地方绿色金融市场稳步增长。

一是设立绿色金融专营机构，加强服务绿色经济能力。绿色金融专营机构可以通过在审批、风控、考核等专业化管理环节进行创新，为绿色金融产品创新提供良好环境，更好地提升金融机构服务绿色企业和项目的能力。截至 2020 年底，各试验区均成立了绿色金融专营机构，绿色金融事业部或专营机构总数达 238 家，较 2019 年增加 53 家，增长 28.6%。

二是绿色信贷规模保持高速增长。截至 2020 年 12 月底，9 个试验区绿色信贷余额达 2368.3 亿元，占全部贷款余额的 15.1%，远超同期全国绿色信贷余额占比，各试验区绿色信贷余额增速基本都在 15% 以上。

三是绿色债券发行规模稳定增长，债券品种逐步增加。截至 2020 年 12 月末，各试验区绿色债券余额达 1350 亿元，同比增长 66%；试验区绿色债券类型涵盖企业债、公司债、金融债、政府债和中期票据等多种类型。

四是环境权益交易市场探索持续推进，取得一定成效。试验区探索建立排污权、水权和用能权等环境权益交易，市场交易额有所突破，截至 2020 年底，各试验区环境权益交易总额达 50.969 亿元，主要围绕排污权和碳排放权交易展开。广州是全国碳交易试点城市之一，截至 2020 年底，广州碳排放权交易所成交量 1.74 亿吨，总成交金额达 34.93 亿元，碳交易规模排名全国第一，为全国碳交易市场全面启动做出了突出贡献。又如，浙江省衢州市搭建环境权益资源交易平台，在衢州市公共资源交易网站增加"排污权交易"模块，构建高效、透明、集中的金融咨询服务线上绿色融资信息平台，截至 2020 年末，排污权市场交易额共计 9.49 亿元。[①]

（二）广州市绿色金融改革创新试验区实践

自 2017 年 6 月广东省广州市绿色金融改革创新试验区（以下简称"广州试验区"）获批以来，广州市坚持把推进广州试验区建设作为贯彻绿色发展理念、推进生态文明建设的重要抓手，以金融创新推动绿色发展为主线，以体制机制创新为动力，以推动经济发展方式转变、产业结

[①]　《广东碳排放配额累计成交 1.76 亿吨，位居全国首位》，新华网，http：//m.xinhuanet.com/gd/2021-04/19/c_1127347275.htm，最后访问日期：2021 年 5 月 23 日。

构优化为目标，稳妥有序推进各项试点工作，绿色金融改革创新工作整体取得较好成绩。

1. 复制推广支持产融对接系统和创新金融产品

广州市依托广东省中小微企业信用信息和融资对接平台开发绿色金融板块，建设绿色企业和项目融资对接系统，为绿色项目申报、融资需求发布以及与金融机构对接提供全方位支持和服务，强化绿色金融与绿色企业、项目的及时有效对接。绿色交通运输领域占据了广州市绿色贷款余额的76%和绿色债券募集资金的58%。广州地铁2019年发行了国内具备绿色发行主体、绿色资金用途、绿色基础资产的市场首单"三绿"资产支持票据。广州地铁项目通过绿色金融创新融资模式、融资标准以及融资工具推动项目落地，为广州市绿色金融改革创新试验区进行绿色标准体系完善开创先例，提供了可复制推广的经验。

2. 依托市场激发绿色金融创新活力

近年来，广州在绿色金融产品和服务方面都展现出了强大的创新活力。广州地区企业相继发行全省首单绿色金融债券、绿色企业债券、绿色中期票据和绿色资产证券化产品，以及全国规模最大的广州地铁绿色债券，有效支持了城市交通规划建设、天然气利用、污水处理、造纸环保改造等重点领域和广州地区绿色产业。截至2021年6月，广州地区金融机构绿色贷款余额表现良好，接近5000亿元，增长较为显著，同比增长42%；绿色债券方面，广州市累计发行各类绿色债券780多亿元，稳定处于各试验区第一的位置；碳排放权交易中心碳配额交易方面，累计成交近2亿元，在全国碳排放权试点区域居首位，占全国成交额的1/3以上。

二　以绿色金融重大项目推动绿色发展

绿色金融重大项目在绿色发展方面起到重要作用。绿色重大项目往往具有良好的经济效益和社会效益，但又面临建设周期长、期限错配和融资成本错配等问题，借绿色金融之手能有效降低融资成本，助力自身建设运营。

随着中国进入经济结构调整和发展方式转变的关键期，绿色项目的蓬勃兴起及其对绿色金融需求的日益强劲，使得绿色金融项目越来越成为绿色发展的助力。绿色金融需要符合绿色项目的特点和要求，而绿色项目特别是大型基础设施类绿色项目往往投资大、周期长、经济效益不高。利用绿色政府专项债融资，依托政府信用并借助免税政策，可有效降低绿色项目的融资成本，并且政府专项债券期限一般较长，通常为10~30年，可充分满足绿色项目特别是大型基础设施类项目的建设运营周期需要。因此，绿色政府专项债可有效解决绿色项目融资成本错配与期限错配问题，为绿色项目融资和建设运营提供了有效解决方案。下面以广州市南沙区"2020年珠江三角洲水资源配置工程专项债券（绿色债券）"为例，对绿色金融重大项目在绿色发展中发挥的重要作用进行说明分析。

该期绿色专项债券为广东省政府发行的首支绿色政府专项债券，同时也是全国水资源领域的首支绿色政府专项债券。这次绿色政府专项债券的发行，是在广东省政府指导下，广东省财政厅、广东省水利厅等部门共同推动的重要绿色金融创新，亦是践行"两山论"，保障珠三角及港澳供水安全，为粤港澳大湾区建设以及区域可持续发展提供有力的水利支撑，修复改善受水地区的生态用水和河流生态健康，建设富有活力和国际竞争力的一流湾区和世界级城市群，打造高质量发展典范的重要举措。

为使绿色金融对绿色企业和项目支持更有针对性，广东省已制定《广东省广州市绿色金融改革创新试验区绿色企业认定管理办法（试行）》《广东省广州市绿色金融改革创新试验区绿色项目认定管理办法（试行）》，建立绿色金融支持绿色企业和项目库，并研究制定《广州市绿色金融改革创新试验区绿色项目产融对接管理办法》。同时，为保障库内企业（项目）的绿色属性，确保绿色认证结果真实有效且能得到社会的广泛认可，广州试验区向社会公开遴选并确定了七家具有较强认证能力和公信力的第三方绿色认证机构，为广州绿色项目和绿色企业认证提供专业服务。2017 年以来，广州市制定了《广东省广州市绿色金融改革创新试验区绿色企业认证规范》《广州市绿色金融改革创新试验区绿色企业与项目库管理办法》，在全国绿色金融改革创新试点中首创集绿色项目申报、认证和融资对接于一体的绿色项目融资对接系统。截至 2020 年 6 月，绿色项目融资对接系统共有 2543 个企业和项目进行展示推荐，37 家企业进行绿色企业和项目申报与认证，15 家银行机构发布 93 个绿色信贷产品。

广州市基于中国人民银行信用体系建立了集绿色项目申报、认证和融资对接于一体的绿色项目融资对接系统，首创绿色企业和项目申报、认证和融资对接的全链条服务。在实现金融机构和企业线上不间断对接功能的同时，企业可通过互联网界面申报绿色企业和绿色项目，由第三方绿色认证机构库内的认证机构进行绿色认证并贴标，增加绿色企业和绿色项目公信力，以得到金融机构的认可。广州市绿色金融改革试验区融资系统积极对接人行"粤信融"平台，创新绿色产融对接服务模式，实现了绿色企业（项目）申报与认证的自主性、产融对接活动的不间断性以及绿色金融业务统计分析的实时性；引入第三方绿色认证中介库，提升了绿色企业（项目）认证工作专业化、规范化和便利化程度。

三　因地制宜探索绿色金融发展模式

"发展绿色金融是实现绿色发展的重要措施，也是供给侧结构性改革的重要内容。"[①] 随着可持续发展逐渐受到全球各国的重视，越来越多的

---

①　《推进生态文明　建设美丽中国》，人民出版社、党建读物出版社，2019，第 226 页。

国家开始在绿色金融上施力以推动经济社会的绿色转型和低碳发展。在着力发展绿色金融的大方向下，摸索体系构建和发展模式越来越成为未来绿色金融发展的关键。

2017年以来，我国在浙江、江西、广东、贵州、甘肃和新疆建立了六省（区）九地的绿色金融改革创新试验区。各个绿色金融改革创新试验区的实践都有所侧重、因地制宜。就整体的试点内容来看，各试验区的基本内涵基本一致，都围绕金融创新推动产业发展不断革新制度，充分调动市场配置资源的积极性，从制度、市场、产品、服务等不同角度进行实践探索。

九大试验区的经济基础、区域特征、产业发展模式各具代表性，经过实践呈现出地域特色的绿色金融改革创新。试验区绿色金融改革创新亮点纷呈，各区因地制宜出台各项政策积极推动绿色金融发展。总体上，各地改革创新稳步推进，一地一策的特色基本显现。就绿色金融的参与主体而言，试点政府均出台了实施细则及政策制度，积极引导与推动改革；各地绿色金融机构集聚发展，逐步发挥作用；企业参与意识逐步增强，积极开展绿色业务。就绿色金融的构成要素而言，各试点在体制机制创新、产品与服务创新、区域交流合作、风险防控四个方面也取得了阶段性的成果。

第四章　完善支撑人与自然和谐共生的
资源高效利用体系

第一节　推进能源生产和消费革命

一　构建能源生产和消费制度体系

（一）能源问题是经济社会发展的关键

能源对于现代社会至关重要，是社会的食粮，与我们的生活生产密切相关，也是我们得以生存发展的根基。这主要表现在以下五个方面。一是能源问题深刻影响着区域协调发展，主要表现为能源经济、能源资源、能源技术三个方面的不平衡。东部地区经济的发展离不开西部大量的廉价资源的输送支持。二是能源是助力乡村振兴的关键因素，但我国东中西部能源不平衡问题突出，其中又包含城乡之间能源的不平衡，而农村地区能源匮乏将极大地限制农村健康协调发展。三是生态文明建设离不开能源问题的解决，与能源相关的生产和生活是造成环境问题的重要因素，在能源与生态文明建设强挂钩的条件下，解决能源问题刻不容缓。四是在当前人类命运共同体的普遍共识下，能源问题已成为关键影响因素，中国推行节能减排在全球生态文明建设中具有重要价值。五是能源体系与经济社会发展息息相关，是经济社会发展的重要支撑，现在的粗放式能源体系难以支撑生态环境与经济可持续发展，因此，要积极构建适应新时代现代化经济体系的能源系统，着力打造低碳化能源体系与现代化经济体系齐头并进的社会系统，共同构建生态文明社会。[①]

（二）能源发展的基本方略

新时代生态文明建设的战略思想也构建了能源发展的基本方略。这主要表现在三个方面。一是贯彻落实新发展理念，落实新时代现代化经济体系对能源发展的基本要求。主要包括实现现代化经济体系下能源的高效供给，弥合城乡发展过程中能源的不平衡问题，实施区域协调发展战略。二是坚定不移地走和平发展道路，全力推进人类命运共同体理念下的能源科学发展道路，加强全球环境治理，积极承担国际义务和责任，在气候变化问题上通力合作，减缓全球温室气体的排放，为全球绿色低碳发展贡献力量。三是加快经济和能源的结构性改革，实现经济增长与化石能源消费增长的脱钩。国家统计局数据显示，近十年来，中国的能源生产、消费集中在化石能源上。2019 年，高碳排的煤炭生产占全部生产的 68.8%，煤炭消费达 28 亿吨。因此，对于我国而言，要减少对高碳发展路径的过度依赖，加快能源结构的体制性改革，促进产业的绿色转型升级，争取早日建成绿色低碳高效的清洁能源体系。

（三）构建智慧能源体系

一是将智慧能源体系建设明确为"双碳"目标下我国能源转型方向之一。顺应国际能源转型大势，将建设智慧能源体系作为"双碳"目标

[①]　王仲颖：《推进能源生产和消费革命　构建清洁低碳、安全高效的能源体系》，《中国经贸导刊》2018 年第 7 期。

下能源发展重点方向，引导能源产业转型升级。以智慧能源体系为抓手，持续推动能源结构的调整，继续大力发展清洁能源和可再生能源，有序控制煤炭开发和煤电建设规模，逐步实现能源结构的"轻碳化"。持续优化能源生产和消费布局，在提高跨省跨区资源调配能力的同时，着力提高能源服务中心基本能源供给和保障能力。着力打造多重功效相互补充的多元化能源体系，提升能源的利用效率，促进产业提质增效。

二是加快推进区域先行试点，构建智慧能源体系的示范区，探索现代化能源体系的发展路径。推动电动汽车、氢燃料电池、智慧节能建筑等能源与交通、建筑领域的跨界融合，探索推广 V2G、商业储能、虚拟电厂、"光伏+"等新型商业模式。充分挖掘能源数据价值，完善电力消费、能流方向等指标数据收集体系，探索能源数字经济新模式。

三是着力推进能源技术革命，破解构建智慧能源体系的技术难题，为其提供强有力的技术支撑。推动能源领域科研体制创新，聚焦智慧能源技术发展的前沿领域，加强氢能与燃料电池、新型储能、碳捕集利用与封存、能源互联网、能源数字化、能源信息管理等新兴技术的研究与应用，抢占未来能源发展制高点，催生新发展动能。以能源领域国家实验室为建设重点，集中力量攻克工业控制系统、工业芯片等"卡脖子"技术，不断提高自主创新能力。加大技术创新在国有能源企业经营业绩考核中的比重，设立能源产业技术创新投资基金，完善能源企业研发费用计核方法，持续提高企业研发动力和能力。

四是全力推进能源体制改革以适应现代化经济体系，加强能源体系的顶层设计。加强能源与工信、交通、住建等部门的协调与配合，消除影响智慧城市能源、智慧交通、电动汽车、智慧节能建筑等跨领域融合发展产业的体制掣肘。消解能源互联网的产业壁垒，促进能源体系的横纵向互融互通。建立可再生能源与分布式能源并网快速通道，激发智慧能源体系商业模式创新动力，降低终端用户用能成本。

二　降低单位 GDP 能源强度和二氧化碳强度

我国作为能源消费大国，碳减排时间紧任务重，但同时减碳发展空间大。2012 年至 2019 年，我国能源利用效率稳步提升。"十四五"规划纲要提出"单位 GDP 能源消耗降低 13.5%"，该能源发展硬性约束指标的提出为经济社会发展提供了指引。在实现碳达峰和碳中和目标背景下，应怎样理解这一指标的意义？如何保障其顺利实现？

过去 40 年，我国单位 GDP 能耗年均降幅超过 4%，累计降幅近 84%，节能降耗成效显著，能源利用效率提升较快。但从国际比较来看，我国单位 GDP 能耗仍是世界平均水平的 1.5 倍。首先，我国正处于工业化、城镇化快速发展阶段，居民生活、交通等领域用能持续增长，能源消费将保持刚性增长态势；其次，节能潜力挖掘难度增大，成本低、见效快的节能技术和工程已普遍应用实施，一些最新技术投资大、应用少，企业节能潜力收窄；最后，我国经济结构中第二产业比重较高，高耗能产业比重较高，再加上用能结构依然以煤炭为主，而煤炭的终端利用效率又较低，能源利用方式还比较粗放。降低单位 GDP 能耗的过程中，要重点控制化石能源消费，加快发展非化石能源。这是一个由增量替代到存量替代的长期过程，需要科学合理地用好化石能源，实现化石能源与非化石能源之间的有序衔接，"要统筹好发展与安全的关系，坚守能源安全底线，能源供应不能出现大的缺口；也要统筹好存量与增量的关系，不能'急刹车''急转弯'，在增量上要符合技术路线需求，存量上要加大清洁低碳改造利用"。

单位 GDP 能耗降低的目标需要系统的体制构建和强化，当前，主要通过建立能耗总量和强度双控制度来完善体制框架。国家能源局有关负责人表示，"十四五"期间，将加强产业布局和能耗双控政策衔接，推动地方实行用能预算管理，严格节能审查，坚决遏制"两高"项目盲目发展，优先保障居民生活、现代服务业、高技术产业和先进制造业等用能需求。能源双控制度和经济发展是否存在矛盾和冲突点？双控制度是否会制约经济社会的发展？从发展经济来看，应当根据能源资源禀赋，通过改善产业结构和贸易结构来实现。加速淘汰高耗能、高排放落后产能，原来的能源消耗总量可以支撑更大经济规模，经济发展质量和效益也可以提高。"十四五"期间，我国应合理控制能源消费总量并适当增加管理弹性，差别化分解各地区能耗"双控"目标，强化目标责任落实；同时，完善用能权有偿使用和交易制度，加快建设全国用能权交易市场，推动能源要素优化配置。

三 控制能源消费总量和二氧化碳排放总量

能源双控制度是党的十八大以来一以贯之的重大方略，事关建设美丽中国的现代化目标，是生态文明建设的重要组成部分，需要纳入经济社会发展的中长期目标规划。党的十八届五中全会做出了实施能源消费总量和强度"双控"的重大部署，能源消费规划和目标的提出对调整能源消费结构、重构能源体系具有重要意义。

经济社会高质量发展离不开对能源消费增长的制约。"十三五"期间，我国传统产业结构性矛盾突出，经济发展对能源的依赖性较大，产业结构调整尚需加码加力，"三高"行业所占份额偏高，退出存在现实性难题，能源消费还处在高位，下降的潜力很大。控制能源消费增长是推动经济社会高质量发展的重要抓手。随着步入压力叠加的"十四五"时期，我们要继续坚持"完善能源消费双控制度"的要求，不断完善体制机制和政策体系建设，调整双控重点。

坚持能效优先和保障合理用能相结合，严格控制能耗强度，切实提高发展的质量和效益；同时，合理控制能源消费总量，采取多种措施适当增加管理弹性，保障经济社会发展和民生改善合理用能。坚持普遍性要求和差别化管理相结合，在全方位全领域全过程提升能源利用效率的同时，结合地方能源产出率、经济发展水平、节能潜力等实际情况，差别化分解能耗双控目标，并在制度设计中更加注重能源结构调整，进一步鼓励使用可再生能源。坚持政府调控和市场导向相结合，充分发挥市场在资源配置中的决定性作用，更好发挥政府在加强宏观调控、完善政策措施、强化制度约束等方面的作用，创新用能权有偿使用和交易等市场化手段，推动能源要素优化配置。坚持激励和约束相结合，严格能耗双控考核，对工作成效显著的地区加强激励，对目标完成不力的地区严肃问责，形成有效的激励约束机制。坚持全国一盘棋统筹谋划调控，各地区各部门要从国之大者出发，深刻认识坚持和完善能耗双控制度的极端重要性和紧迫性，克服地方、部门本位主义，防止追求局部利益损害整体利益，干扰国家大局。

第二节　促进城市精细化管理的韧性发展

一　垃圾分类促进垃圾减量和循环利用

2016年，习近平总书记指出："要加快建立分类投放、分类收集、分类运输、分类处理的垃圾处理系统，形成以法治为基础、政府推动、全民参与、城乡统筹、因地制宜的垃圾分类制度，提高垃圾分类制度覆盖范围。"[①]

在大力发展绿色可持续经济的背景下，有必要大力推行垃圾分类工作，实现垃圾的无害化、清洁化处理，促进资源的有效利用。同时，要着力构建多元化主体参与、多区域协同配合的高效垃圾分类体系。加大垃圾分类的宣传力度，扩大垃圾分类的地域分布。当前，垃圾分类正在

---

① 　《习近平关于社会主义生态文明建设论述摘编》，中央文献出版社，2017，第94页。

全国有序开展，逐渐成为城市文明发展和绿色可持续发展的重要标志。垃圾分类的全面推广任重而道远，需要我国持续推进垃圾分类，促进我国垃圾分类向更系统、更规范、更细致的方向发展，还需切实加强垃圾分类制度体系建设。

1. 培养科学的垃圾分类回收意识和习惯

从小培养孩子的垃圾分类和环境保护意识，家长要以身作则教育孩子如何科学进行垃圾分类，创新垃圾分类"小手拉大手"机制，建立一套内在驱动体系。运用好现代化媒介，在各大网络平台如微信、微博等进行垃圾分类的宣传教育，形成良好的城市垃圾分类舆论氛围。加强环保教育，将垃圾分类、垃圾回收利用等环保知识普及每个居民，树立"垃圾减量从我做起，垃圾管理人人有责"的环保意识。

2. 建立完善的垃圾分类回收法律体系

在垃圾分类回收法律体系建设上，从宏观到微观细致地规范垃圾分类处理行为，确保从源头分类到末端处置皆有法可依。学习借鉴德国、日本等国家的经验和做法，制定出台《废弃物处理法》《家电回收法》《食品回收法》等相关法律制度，建立垃圾分类行业标准，对垃圾处理行为进行规范，为垃圾分类提供坚实的制度保障，通过建立完善的法律法规体系为垃圾分类回收工作保驾护航。

3. 借助经济手段推动垃圾减量化、资源化

通过具体可行的经济政策，鼓励企业和居民实现垃圾的减量化、资源化。对于居民，可以采用适当的垃圾分类回收奖惩措施，如借鉴巴西库里蒂巴绿色交换项目推进垃圾分类回收的经验。结合我国国情，实现对废弃物回收的价格倾斜，创新"互联网+资源回收处理"等新模式，促进垃圾分类回收利用。对不按规定实行垃圾分类的，要逐步采取相应的措施进行处罚。对于企业，可以借鉴瑞典的经济措施，对产品制造商进行经济奖励，鼓励企业减少生产过程中的垃圾产生。

4. 明确划分垃圾分类主体的责任边界

垃圾分类是一项复杂的系统性工程，需要多个部门、多个主体的协调配合，各行为主体和责任主体应明确各自的义务，共同努力协同推进。政府应加快完善垃圾处理的法律法规，明确各方对垃圾治理的责任和义务，联合企业建立完善的垃圾收运、回收利用、处置系统，最大限度地回收利用垃圾以减少环境污染。企业应承担起社会责任，在生产过程中积极推进垃圾减量化和产品使用后的再循环。公众的主要责任是着力提升环保意识，养成自觉的环保行为，尽可能使用循环物品，降低产品变为废弃物的概率，做好垃圾减量、垃圾分类、定点投放。

5. 引进先进的垃圾处理技术，培养相关人才

同欧美国家相比，我国目前的垃圾处理技术主要还停留在垃圾填埋阶段。鉴于此，在垃圾分类方面我们要不断以人之长补己之短，不断学习和引进国外先进的创新性垃圾处理技术。一方面，学习借鉴回收利用、堆肥、焚烧发电、填埋等垃圾处理技术；另一方面，引入厌氧消化、机械生物处理、热解法等新处理技术。同时，依靠先进的生物科技如垃圾处理干燥稳定技术、机械-生物处理技术等，增加科技研发支出，逐步探索适合我国国情的垃圾分类办法和创新模式。同时，加强垃圾分类处理的人才培养，为负责垃圾分类的人员提供专业培训，提高其垃圾分类的专业水平。[1]

6. 垃圾分类需要社会各方面的共同努力

除了教育宣传、建章立制、政策指引之外，垃圾分类的长效发展还有赖于构建内外部的制约和监督体制。第一，加强内部监督。一是行为主体之间要加强相互监督，确保垃圾分类高效有序进行；相互制衡，使垃圾分类可以有较强的内在驱动力。二是为激发各参与主体的内在动力，

---

[1] 《做好垃圾分类　助推绿色发展》，中山网，http://www.zsnews.cn/news/index/view/cateid/37/id/615856.html，最后访问日期：2021 年 5 月 23 日。

需要建立监督结果与经济利益的挂钩机制，将监督结果与各主体的经济利益挂钩。比如，在社区中，如果有人违反垃圾分类，就对其进行罚款，同时在社区中开展垃圾分类评价，按照不同等级进行合理评分，处于较高等级的参与者可以获得一定的补贴，处于较低等级的参与者则要缴纳一定费用，由此促进形成垃圾分类的奖惩机制。相关的评议人员可由社区推选。第二，加强舆论监督。利用好媒体等舆论平台，促使社会形成垃圾分类的良好风尚，助力垃圾分类工作。[①]

二　能源互联网助推智慧城市发展

（一）能源互联网与智慧城市

能源互联网是由互联网与新能源技术整合而形成的新型能源体系。能源互联网集能源技术和信息技术于一体，充分发挥信息科技的优势，高效智能地助力智慧城市的建设。[②]"十四五"时期亟待加快能源结构转型升级，推动经济增长与化石能源消费增长脱钩，加快建设绿色低碳经济发展体系，加强清洁能源产业、绿色低碳产业的发展动力，增强我国的经济韧性和国际竞争力。在新冠肺炎疫情全球肆虐的大环境下，全球正经历着百年未有之大变局，国内各种压力矛盾叠加，国际形势复杂多变，在错综复杂的形势下，能源行业要加快构建安全、科学的能源体系，以现代化能源战略为导向，促进能源结构优化升级，加快经济高质量发展，于危机中育新机、于变局中开新局。

"智慧城市"这一概念由 IBM 于 2010 年正式提出，旨在呼吁各国关注城市中不同类型的核心系统，包括网络、基础设施等的协作和衔接。之后，世界范围内掀起了新一轮城市变革的热潮，美国洛杉矶、荷兰阿

---

①　苏春艳、于鑫：《城市生活垃圾分类问题研究》，《辽宁行政学院学报》2020 年第 3 期。

②　张世翔、苗安康：《能源互联网支撑智慧城市发展》，《中国电力》2016 年第 3 期。

姆斯特丹、韩国首尔、新加坡等多个城市提出打造智慧城市。2010 年，广州市天河区顺势首次提出"天河智慧城"概念。2013 年，天河智慧城进行首次规划公示，总面积 63 平方公里，定位为"产业新区、宜居新城"。该区域将进一步优化大观湿地周边空间，拆除临建，加大湿地的开敞、通达效果。

（二）能源互联网对智慧城市的主要贡献

能源行业已经对"能源互联网"这一概念达成了普遍认同，能源互联网对确保能源的安全供给、加快推进能源革命形成重要支撑。按照区域范围，能源互联网又可分为城市能源互联网和全球能源互联网。其中，城市能源互联网只需要为城市服务，高效地承载了城市能源和信息的流通。城市能源互联网的构建具有重要意义，其开启了城市能源消费无碳化的进程，协调了能源供给与需求的不匹配问题，可以促进能源结构优化升级。城市能源互联网可以促进城市快速稳定发展，推动科技创新，促进城市信息化发展，营造更好的用户体验，最终推动智慧城市建设。

第三节　加强自然资源资产管理

一　明晰自然资源资产的所有权和使用权

在生态文明建设过程中，自然资源产权制度起着基础性作用，是生态发展的基石。我国自然资源产权制度在经济发展的过程中稳步推进并逐渐完善，有力地促进了自然资源集约利用和生态环境有效保护。但落实自然资源产权制度的过程中也存在一些明显的问题，如产权结构不清晰、权责不明、自然资源保护制度不完善等。自然资源产权制度尚未充分发挥其制度优势。《关于统筹推进自然资源资产产权制度改革的指导意见》印发后，我国在许多方面都取得了实质性的进步，对推动自然资源保护具有重要意义。建立归属清晰、权责明确、监管有效的自然资源资产产权制度可以很好地弥补先前制度的不足，为生态文明建设提供制度保障。

对于社会主义市场经济而言，自然资源资产产权制度千条万条，最根本的还是所有权与使用权这两条。健全自然资源资产产权体系，解决权利缺位等问题，归根结底是要处理好所有权与使用权的关系问题，推动所有权与使用权分离，着力创新自然资源资产全民所有权和集体所有权的实现形式。在这方面，农村土地"三权分置"提供了相当丰富的探索实践：在农村承包土地方面，落实承包土地所有权、承包权、经营权"三权分置"，开展经营权入股、抵押，已被新修改的《中华人民共和国农村土地承包法》吸纳；在农村集体建设用地方面，宅基地所有权、资格权、使用权"三权分置"已经在"三块地"改革、"两权"抵押改革试点中扎实稳步推进。①

二 设立自然资源资产管理和监管机构

党的十八届三中全会提出，健全国家自然资源资产管理体制，统一行使全民所有自然资源资产所有者职责；完善自然资源监管体制，统一行使所有国土空间用途管制职责；改革生态环境保护管理体制，独立进行环境监管和行政执法。党的十九大报告第九部分"加快生态文明体制改革，建设美丽中国"中提出："加强对生态文明建设的总体设计和组织领导，设立国有自然资源资产管理和自然生态监管机构，完善生态环境管理制度，统一行使全民所有自然资源资产所有者职责，统一行使所有国土空间用途管制和生态保护修复职责，统一行使监管城乡各类污染排放和行政执法职责。构建国土空间开发保护制度，完善主体功能区配套

---

① 《深入理解自然资源资产"归谁所有、为谁所用"》，搜狐网，https://www.sohu.com/a/308373359_120041980，最后访问日期：2021年5月23日。

政策，建立以国家公园为主体的自然保护地体系。坚决制止和惩处破坏生态环境行为。"① 这与党的十八届三中全会的要求一脉相承。报告还强调："生态文明建设功在当代、利在千秋。我们要牢固树立社会主义生态文明观，推动形成人与自然和谐发展现代化建设新格局，为保护生态环境作出我们这代人的努力！"②

三　完善自然资源和生态环境管理体制

党的十八大以来，行政监督工作被提到重要位置，国家不断加强环境行政督查工作，采取了一系列有力举措，如中央环保督查、土地督查等，加强对环境和生态的垂直管理，全力推进国家治理能力和治理体系现代化。生态环境、自然资源、药品行业等管理工作以强化行政监督作为提升监管水平的重要抓手，取得了良好成效。改革生态环境管理体制方面，党的十九届三中全会提出："转变政府职能，优化政府机构设置和职能配置，是深化党和国家机构改革的重要任务。要坚决破除制约使市场在资源配置中起决定性作用、更好发挥政府作用的体制机制弊端，围绕推动高质量发展，建设现代化经济体系，调整优化政府机构职能，合理配置宏观管理部门职能，深入推进简政放权，完善市场监管和执法体制，改革自然资源和生态环境管理体制，完善公共服务管理体制，强化事中事后监管，提高行政效率，全面提高政府效能，建设人民满意的服务型政府。"③

---

① 习近平：《决胜全面建成小康社会　夺取新时代中国特色社会主义伟大胜利——在中国共产党第十九次全国代表大会上的报告》，人民出版社，2017，第52页。
② 习近平：《决胜全面建成小康社会　夺取新时代中国特色社会主义伟大胜利——在中国共产党第十九次全国代表大会上的报告》，人民出版社，2017，第52页。
③ 《中国共产党第十九届中央委员会第三次全体会议文件汇编》，人民出版社，2018，第8~9页。

第五章 建设美丽中国

在新时代背景下，要树立"绿水青山就是金山银山"的理念，坚持节约资源和保护环境的基本国策，坚定走生态良好的文明发展道路，建设美丽中国，从而为美好世界做出贡献。这既是实现"两个一百年"奋斗目标的重要内容，又是实现中华民族伟大复兴的中国梦的必备条件。"美丽"作为社会主义现代化强国的重要内容，意义深远。

总之，新时代"五位一体"全面发展要求在经济、政治、文化、社会、生态方面统筹兼顾。本章从建设美丽中国的目标出发，分别从以主体功能区设计完善国土空间规划、以乡村振兴战略打造美丽乡村和构建宜居宜业宜游优质生活圈三个维度，分析中国尤其是广东省生态文明建设的实践。

第一节 以主体功能区设计
完善国土空间规划

改革开放40多年来，我国经济高速发展，取得的成就举世瞩目，将中国社会推到了一个前所未有的高度。同时，非均衡发展过程中出现的问题也不容忽视，主要表现为：区域发展不平衡不协调，经济发展与生态环境保护不平衡不协调，产业结构、城乡结构不合理，等等。这些都牵涉国土空间结构不合理问题。

在此背景下，主体功能区理念应运而生。"十一五"规划建议中明确提出了构建主体功能区的总体要求，"十一五"规划纲要则系统地阐述了推进形成主体功能区的基本方向和主要任务。党的十七大报告把主体功能区布局基本形成作为全面建设小康社会的一项重要目标，随后编制完成并发布实施了《全国主体功能区规划》。"十二五"规划建议将主体功能区建设上升到国家战略层面，它与区域协调发展战略一起，成为我国国土规划开发的规模宏大的战略决策。

一　建立以主体功能区为基础制度的国土开发制度

土地是人类赖以生存和发展的物质基础和最基本资源，当今社会面临的人口、资源与环境等重大问题均与土地关系密切，因而称土地是人类生存之"母"一点也不为过。人类与土地的关系以及对土地的利用程度能够直接反映出人类文明程度。人类与土地关系思想的演变是一个历史渐进过程，经历了地理环境决定论、适应论、生态论、人地协调论和可持续发展论。其中，可持续发展论从更高层次和更广泛的意义上阐述了人类与土地的关系，是现代社会人类与土地关系的核心思想，是当今人类实践的必然选择。

因此，立足于人类与土地关系的可持续发展论，2013年5月24日，习近平总书记在党的十八届中央政治局第六次集体学习会上着重谈到了整体优化国土空间开发格局问题，指出国土是生态文明建设的空间载体，主张建立以主体功能区为基础制度的国土开发制度。"要按照人口资源环境相均衡、经济社会生态效益相统一的原则，整体谋划国土空间开发，科学布局生产空间、生活空间、生态空间，给自然留下更多修复空间。"[1]

---

[1]　《习近平谈治国理政》，外文出版社，2014，第209页。

这段重要论述，包含以下五项主要内容。

一是以长远和全局视角优化国土空间开发格局。树立着手现实、放眼未来的理念，坚决杜绝因暂时或短期的经济利益而对土地进行无序乃至无节制的开发使用，严禁一切破坏土地生态空间的行为。从全局上推动区域的协调与互动，厘清政府、市场和社会之间责任关系，优化跨行政区、跨经济区和跨流域的土地空间开发格局。顺应工业化、城镇化、信息化和农业现代化的整体演变规律，有序推进国土空间开发优化。

二是以主体功能区定位优化国土空间开发格局。严格执行《全国主体功能区规划》确定的优化开发区、重点开发区、限制开发区和禁止开发区的国土开发要求，加强上级政府对下级政府的指导、管理、监督等职能，落实好各级主体权力、责任和义务，共同做好地方有关土地建设的规划编制、项目申报审批、项目管理、项目动工、项目竣工验收等各项工作。

三是以集约型城镇化优化国土空间开发格局。顺应城镇人口大量集聚、乡村人口日益减少的趋势，健全城镇村三级建设用地约束机制和监管机制，创新城乡建设用地置换、乡镇建设用地置换等模式，严控城镇建设用地总量，提升城镇建设用地质量，提高土地节约集约高效利用水平。

四是以保护耕地资源优化国土空间开发格局。贯彻落实严格的耕地保护制度，坚守18亿亩耕地红线，将耕地占补平衡制度落到实处。加强财政金融对基本农田尤其是肥沃、生态、高产量农田的支持，严厉打击各类违法侵占农田行为。

五是以挖掘土地潜力优化国土空间开发格局。梳理和整合各类工业园区、高新技术开发区、服务业生产园区等的存量土地，制定集约用地的整体方案和措施，升级存量土地功能，降低空间布局不合理造成的土地闲置浪费。充分挖掘内部潜力，广泛实行退耕还林、退牧还草、退田还湖等制度，提高开发和利用海洋资源的综合能力，优化扩大国土生态空间。

二　优化国土空间布局，推进区域协调发展和新型城镇化

坚持实施区域重大战略、区域协调发展战略、主体功能区战略，健全区域协调发展体制机制，完善新型城镇化战略，构建高质量发展的国土空间布局和支撑体系。

新时代我国呈现出新的发展格局，社会主要矛盾发生变化，不平衡不充分的发展成为满足人民美好生活需要的主要制约因素。其中，经济发展和生态环境保护不协调问题以及区域发展不协调问题是两个重要方面，因此，建设美丽中国需要以主体功能区战略打造高品质国土空间。

何谓主体功能区？主体功能区是以资源的可承受能力、经济发展潜能和现有的开发力度为主要依据，综合考虑一个区域的经济发展动态、土地利用格局、工业化城镇化布局、人口汇集流动、生态功能属性，将区域划分为特定的主体分区进行适度开发，形成的具有多功能空间单元的整合体，其兼具地理空间、职能空间和政策空间。[①] 主体功能区建设的目的在于，明确区域功能定位，拓展区域功能边界，以更加精准的功能布局对区域开发的政策、秩序和强度进行规范，在新的开发格局下形成人口、经济和环境的有效协调。因此，主体功能区理论的落脚点在于指导区域城市化科学发展。

主体功能区定义的着眼点在于发展或开发，所以特别强调了主体功能区的开发方式和开发内容，强调了开发方式与开发内容的对应关系。在开发类型上，主体功能区可以分为优化开发区、重点开发区、限制开发区和禁止开发区。在开发内容上，主体功能区可以分为城市化地区、

---

① 张莉、冯德显：《河南省主体功能区划分的主导因素研究》，《地域研究与开发》2007 年第 2 期。

农产品主产区和重点生态功能区。开发方式和开发内容相互对应、相互联通。优化开发区和重点开发区对应城市化地区，主要目的在于强化工业品和服务产品的供给。限制开发区对应农产品主产区和重点生态功能区，前者要优化农产品和服务的定向供给，后者要促进优质的生态产品和服务的有效供给。生态产品是指维系生态安全、保障生态调节功能、提供良好人居环境的自然要素，包括清新的空气、清洁的水源和宜人的气候等。禁止开发区对应重点生态功能区。重点生态功能区生态系统脆弱或生态功能重要，资源环境承载能力较低，不适宜用作大范围高密度的城市工业化和城镇化开发建设，应该切实加强生态产品生产和服务能力，发挥重点生态功能区的特殊作用，与其他主体功能区形成良性呼应。

优化国土空间布局要求推进区域协调联动发展。党的十八大以来，党中央高度重视区域发展的协同一致，提出京津冀协同发展、长江经济带发展、粤港澳大湾区建设、长三角一体化发展等区域发展战略，出台《黄河流域生态保护和高质量发展规划纲要》，将区域协调发展推向纵深。过去五年，高质量发展的动力源不断拓展，京津冀、粤港澳大湾区、长三角等区域发挥着示范引领作用。2019 年，京津冀、粤港澳大湾区和长三角地区生产总值占全国比重达 43%。"十四五"时期，落实高质量发展的国土空间布局的关键，并不在于各地经济发展的步伐趋同，而在于结合不同区域的客观条件，以合理分工、差异性布局发挥各地的比较优势，推动产业和人口流向具备相对优势的区域，形成数个动力源带动其他区域发展，从而提升经济发展和生态发展的总体效率。

推进以人为核心的新型城镇化。第一，深入转变城市发展方式，大力提升城镇化质量，营造美好人居环境。在严守农村耕地红线的条件下，中国的新型城镇化应从以往"向乡村要土地"的外延扩张式发展转变为"向城市内部要空间"的内涵提升式发展，提高城市土地利用效率，加强城市公共基础设施建设，打造更加宜居的城市空间。第二，全面提升城市治理水平，优化管理体制机制，切实保障民众利益。习近平总书记强调，城市管理应该像绣花一样精细。要有效医治新型城镇化过程中的诸多"城市病"，亟须推进城市治理体系和治理能力现代化，提升城市治理的科学化、精细化、智能化水平。其中，科学化强调尊重城市发展运行的客观规律，并在此基础上进行制度设计、决策咨询和治理实践；精细化注重对城市微观、局部、细节问题的精准定位与有效治理；智能化要求充分利用大数据、互联网、区块链等新一代信息技术提升城市治理成效。通过现代化的城市治理，加强城市尤其是特大城市的风险防控能力，建立健全城市应急管理机制，增强城市韧性，使城市在面对意外灾害冲击时能够快速反应、有效处置，切实保护城市居民的生命财产安全。第三，优化城市空间分布，完善城市政区设置，促进城际协调发展。推进以人为核心的新型城镇化，除了加强城市内部的软硬件建设，还要进一步优化国家的城镇空间体系布局，构建层级有序、规模合理、分布协调的城镇体系。①

三　以主体功能区规划促进区域协调发展的广东实践

我国进入经济高质量发展的新时代后，生态文明建设地位凸显，力度之大、步伐之快前所未有。同时，明确提出了改革生态环境监管体制、建立国土空间开发保护制度、完善主体功能区配套政策等具体要求。贯彻落实这些要求，既需要切实解决好经济发展与生态环境保护之间的不平衡问题，也需要切实解决好区域之间特别是沿海和内地之间发展的不平衡问题。

广东省贯彻落实习近平总书记广东考察的重要讲话精神，以促进区

① 叶林、杨宇泽：《深入推进以人为核心的新型城镇化》，中国社会科学网，http：//news.cssn.cn/zx/bwyc/202104/t20210429_5330283.shtml，最后访问日期：2021 年 5 月 26 日。

域协调发展为目标，全面探索适应广东区域新型发展的创新性路径。广东省各级政府着力研究、奋力探索，积极谋篇布局、统筹规划，全力推进政策落地和示范，出台了《广东省主体功能区规划》作为政策支撑，包括以下三个方面内容。

一是确定符合广东省情、具有广东特色的总体开发策略。

第一，积极优化核心，释放最优发展潜能，强化区域的比较优势，这主要聚焦于珠三角核心发展区域。第二，培育新增长极，激发经济发展活力和增长点，这主要体现为在粤北山区、粤东粤西沿海地区、珠三角外围片区打造经济新增长极。第三，全力维护和修复生态环境，保护好区域绿色发展的根基，增强区域经济发展韧性，优化经济造血功能。第四，加强政策导向作用，合理规划区域发展新布局，其中包括严格利用土地空间格局、科学开展主体功能区建设，形成良好的资源节约和环境友好社会。

二是遵循国土空间自然属性，构建五大战略格局。

第一，构建"核心优化、双轴拓展、多极增长、绿屏保护"的国土开发总体战略格局。核心优化指国家层面的优化开发区域，其中"核心"是珠三角核心区；双轴拓展包括两个轴线，即沿海拓展轴与南北拓展轴（深穗、珠穗—穗韶城市功能拓展轴），构成支撑广东省空间开发格局的倒"T"形主骨架，主要发挥珠三角核心区的辐射功能；多极增长则是指珠三角外围片区、粤东沿海片区、粤西沿海片区和北部山区点状片区构成的广东省经济新的增长极；"绿屏"是指以广东省北部环形生态屏障、珠三角外围生态屏障以及蓝色海岸带为主体构成的区域绿地系统，是维护广东省生态环境与水源安全的"绿色屏障"。

第二，构建"一群、三区、六轴"的网络化城市发展战略格局。"一群"指珠三角城市群，是广东省发展的主动力和辐射源；"三区"则包括潮汕城镇密集区、湛茂城镇密集区和韶关城镇集中区，是广东省未来社会经济发展的新引擎；"六轴"包括两大主轴和四个副轴，两大主轴指沿海拓展轴和深穗、珠穗—穗韶城市功能拓展轴，四个副轴分别是云浮—肇庆—佛山—广州—河源—梅州城镇发展副轴、汕头—潮州—揭阳—梅州城镇发展副轴、惠州—河源城镇发展副轴和海安—廉江城镇发展副轴。

第三，构建以"四区、两带"为主体的农业战略格局。"四区"是指珠三角都市农业区、潮汕平原精细农业区、粤西热带农业区和北部山地生态农业区，四大区域均有各自的发展重点和主要农作物。"两带"则是指沿海海水增殖养殖农业带和南亚热带农业带。沿海海水增殖养殖农业带重点建设珠江口咸淡水优质鱼养殖以及深水网箱和沉箱养殖，粤东网箱养殖和工厂化养鲍鱼，粤西珍珠、对虾及贝类养殖等现代化示范基地；南亚热带农业带是指化州—高州—信宜—电白—阳江—云浮—肇庆—清新—清城—从化—增城—龙门—博罗—惠东—紫金—汕尾—普宁—惠来—潮南经济带，以粮食生产以及荔枝、龙眼、柑橘等亚热带水果生产为主。

第四，构建以"两屏、一带、一网"为主体的生态安全战略格局。"两屏"包括广东北部环形生态屏障和珠三角外围生态屏障。其中，广东北部环形生态屏障由粤北南岭山区、粤东凤凰—莲花山区、粤西云雾山区构成，主要发挥涵养水源的生态功能，为广东省的生态文明建设构筑强有力的生态屏障；珠三角外围生态屏障由珠三角东北部、北部和西北部连绵山地森林构成，在气候调节和水质保护上发挥重要价值。"一带"即蓝色海岸带，是指广东省东南部广阔的近海水域和海岸带，包括大亚湾—稔平半岛区、珠江口河口区、红海湾、广海湾—镇海湾、北津港—英罗港、韩江出海口—南澳岛区等区域，是重要的"蓝色国土"。"一网"是以西江、北江、东江、韩江、鉴江以及区域绿道网为主体的生态廊道网络体系。

第五，构建以"三大网络""三大系统"为主体的综合交通战略格局。"三大网络"指高速公路网、轨道交通网、高等级航道网；"三大系统"指集装箱运输系统、能源运输系统、快速客运系统。形成以广州、深圳、湛江为全国性综合交通枢纽城市，以汕头、珠海、韶关为区域性综合交通枢纽城市，以其他地级市为地区性综合交通枢纽城市，以空港、海港和陆路交通枢纽为结点，以高速公路、轨道交通、主要出海航道及千吨级以上内河航道、油气管道为骨架，公路、轨道交通、水路、航空和管道运输等多种运输方式有效衔接，层次分明、功能完善、环保高效的综合交通运输体系。

三是科学划分四类主体功能区。根据国家战略和广东实际，将全省空间划分为优化开发区、重点开发区、限制开发区和禁止开发区四类区域，其中，优化开发区和重点开发区的面积约占全省面积的53%，限制开发区和禁止开发区约占47%。

第二节　以乡村振兴战略打造美丽乡村

一　强化新型城乡关系，加快农业农村现代化

（一）深化农村改革

完善城乡一体化发展机制，促进城乡生产要素平等交换和双向流动，提升农业农村发展面貌。落实第二轮土地承包到期后延长30年政策，加快培育农民合作社、家庭农场等新型农业经营主体，完善专业化、社会化农业服务体系。健全城乡建设用地统一市场，积极探索实行农村集体经营性建设用地入市制度。建立土地征收中公共利益用地认定机制，缩小征地范围。探索宅基地所有权、资格权和使用权分置实现形式。完善农村金融服务体系，发展农业保险。

（二）实现巩固拓展脱贫攻坚成果同乡村振兴有效衔接

建立农村低收入人口和欠发达地区救助机制，保持财政支出总体稳定，促进相对贫困地区发展。完善帮扶体系，防止脱贫者返贫，对于易地搬迁群众的扶持工作需持续跟进，严格管理和监督用于扶贫项目的财政拨款和社会资金，不断完善农村的社保和社会救助体系，加强对中西部相对贫困县区的对口帮扶，助力乡村振兴的发展，增强其巩固脱贫成果及内生发展能力。坚持和完善东西部协作和对口支援、民间力量结对参与等机制。

二　乡村功能作用与城乡融合发展

重塑城乡关系。城乡融合发展是最大化发挥乡村功能的必由之路。2002 年以来，党和政府从城乡统筹开始，推进城乡一体化纵深发展。在此基础上，党的十九大报告提出了在乡村振兴战略下实现城乡融合发展的新理念。这是新时代党对城乡关系的新探索，对以往城乡发展战略做出了重大调整，标志着中国城乡发展进入新时代。

（一）重视乡村作用，发挥乡村功能是乡村振兴的敲门砖

1. 乡村振兴是城乡融合发展的必然结果

党的十六大以来，党对城乡关系的处理经历了不断完善的过程，这主要体现在城乡关系从统筹发展到一体化发展再到融合发展等阶段。当前，虽然农村得到一系列政策帮扶、农业的重要性受到重视，但城乡之间仍有较大差距，尚不具备二者深度融合的条件。因此，推进农业农村发展势在必行，其可以为促进城乡融合发展创造条件，从而实现乡村振兴。

2. 城镇化率提高，对农业农村需求增加

根据相关统计，到 2020 年底，我国常住人口城镇化率已超过 60%，

农业农村已成为稀缺资源。城市的持续健康发展需要发达的农业和现代化的农村与之配合。这说明，在城乡融合发展背景下，乡村振兴不仅是农业农村发展的结果，也是城市发展向更高层次迈进的必然要求。

3. 人民可支配收入增加，社会主要矛盾复杂化多样化对农业农村现代化建设提出了更高要求

根据相关统计，截至 2020 年底，全国居民人均可支配收入 32189 元。按常住地分，城镇居民人均可支配收入 43834 元，农村居民人均可支配收入 17131 元；全国居民的恩格尔系数为 30.2%，其中城镇为 29.2%，农村为 32.7%。依照国际统一的标准，中国居民的整体生活水平已处在"相对富裕"的阶段，随着社会发展进入新阶段，人民日益增长的对美好生活的需要和发展不平衡不充分之间的矛盾趋于复杂化和多样化，这对农业农村现代化建设提出了更高的要求，必须以更严格的标准、更完善的体制推进农业农村发展。不能让农业农村滞后的现代化成为国家现代化的短板。

（二）推动城乡融合发展，协调城乡关系是乡村振兴的试金石

乡村振兴战略对我国农村长远发展的促进作用，必须基于城乡统筹发展来考虑，从推动城乡融合发展的角度用时间来检验。城乡统筹发展、城乡一体化发展、城乡融合发展三者是层层递进的关系。党的十六大提出的"统筹城乡经济社会发展"包括三大方面：一是加强农业基础地位；二是促进农村富余劳动力向非农产业和城镇转移，提高农业现代化水平和农民收入水平；三是坚持党在农村的基本政策，通过政策支撑调整城乡关系。

在城乡统筹发展阶段，并未对城乡关系进行深入调整，而是通过"以工补农、以城带乡"的方式为农村发展提供助力，缩小城乡差距，但未从根本上激发农村发展的内在动力。

　　党的十八大把"推动城乡发展一体化"作为农业农村工作的总方针，指出"城乡发展一体化是解决'三农'问题的根本途径"，具体措施是"加大统筹城乡发展力度，增强农村发展活力，逐步缩小城乡差距，促进城乡共同繁荣"。① 这进一步说明城乡统筹发展和城乡一体化发展之间是手段和目标的关系，也是发展阶段的递进关系。正是在前15年城乡统筹发展、城乡一体化发展的基础上，党的十九大提出"建立健全城乡融合发展体制机制和政策体系"②，即通过构建系统化体制机制，促进城乡互动迈上新台阶。可见，城乡融合发展是更高的发展阶段。

　　党的十九届五中全会提出："优先发展农业农村，全面推进乡村振兴。坚持把解决好'三农'问题作为全党工作重中之重，走中国特色社会主义乡村振兴道路，全面实施乡村振兴战略，强化以工补农、以城带乡，推动形成工农互促、城乡互补、协调发展、共同繁荣的新型工农城乡关系，加快农业农村现代化。"③ 城乡融合包括以下几方面内容。一是要素融合，即城镇要素和农村要素融合，包括劳动力、资金、土地等要素。在城乡利益趋同的条件下，要素在城乡之间的流动应当是双向的。二是区域融合。城市是农村的前厅，农村是城市的后花园，二者逐渐成为一个统一体，但各有分工，承担着不同的功能。三是生活方式融合。近年农村基础设施建设步伐加快，农村居民也能享受到城市居民拥有的丰富产品，而城市居民也能体验农村生活。例如，随着电子商务的普及，城市居民也能吃到当日采摘的蔬果；在社区支持农业模式下，城市居民也能够在闲暇时体验田间劳作，生活方式的交融在很大程度上提升了城市居民的生活品质。

---

① 《十八大以来重要文献选编》（上），中央文献出版社，2014，第18页。
② 习近平：《决胜全面建成小康社会　夺取新时代中国特色社会主义伟大胜利——在中国共产党第十九次全国代表大会上的报告》，人民出版社，2017，第32页。
③ 《中国共产党第十九届中央委员会第五次全体会议文件汇编》，人民出版社，2020，第12~13页。

三 促进农村人居环境整治，建设生态宜居乡村

"绿水青山"就是实实在在的财富，这里的财富不仅属于自然范畴，也属于经济、社会等范畴。践行"绿水青山就是金山银山"的理念，像对待生命一样对待生态环境已逐渐成为人们的共识。

在新的社会发展背景下，广大乡村应尽快改变以牺牲生态环境为代价的错误发展方式，以生态保护意识推动生态行为与实践。以"美丽乡村建设"为契机，以"生态宜居"为目标，保持对生态发展的敏感性，还天空以碧蓝、还河湖以清澈，让自然呈现其本真的模样。

（一）乡村生态环境保护功在当代，利在千秋

随着我国社会主要矛盾的转变，老百姓不仅关注基础的温饱，更注重生活的品质，生态环境质量作为影响生活品质的重要因素已成为衡量百姓幸福程度的重要考量指标。

乡村人口数量众多，需要普享"良好生态环境"的民生福祉。2018年末我国大陆总人口139538万人，乡村常住人口56401万人。近年来，随着我国城镇化的快速推进，乡村人口数量虽然逐年减少，但依然集聚了40%以上的人口。农村绝不能成为荒芜的农村、留守的农村、记忆中的故园。2013年4月，习近平总书记在海南考察时指出，要处理好发展和保护的关系，着力在"增绿""护蓝"上下功夫，为子孙后代留下可持续发展的"绿色银行"，良好生态环境是最公平的公共产品，是最普惠的民生福祉。毫无疑问，乡村的广大人民不能失去这"最公平的公共产品"，更不能不享受这"最普惠的民生福祉"。①

中国乡村地域辽阔，占据绝大部分重点生态功能区，是生态涵养的主体区。乡村地区集中了主要的山水林田湖草，可以说，乡村环境是中

---

① 《习近平关于社会主义生态文明建设论述摘编》，中央文献出版社，2017，第4页。

国生态文明建设的一面镜子。2019 年 4 月 28 日，习近平总书记在 2019 年中国北京世界园艺博览会开幕式上的讲话中指出："现在，生态文明建设已经纳入中国国家发展总体布局，建设美丽中国已经成为中国人民心向往之的奋斗目标。中国生态文明建设进入了快车道，天更蓝、山更绿、水更清将不断展现在世人面前。"① 乡村生态环境保护是美丽中国建设的重点内容，是提高区域生态品质的关键措施。我国经济可持续发展需要乡村的可持续发展作为支撑，乡村环境质量反映着生态文明建设的成效，未来仍需在维护与改善乡村环境上持续加码。

（二）农村生态环境问题日益凸显，亟待治理

改革开放以来，虽然农业和农村经济发展取得了巨大成就，但随着我国经济社会的迅猛发展，以及农村经济的提速和社会主义新农村建设的不断深入，农业"高污染"和"高消耗"的形势不容乐观，农村生态环境问题日益突出，严重影响了农村经济乃至全国经济可持续发展和生态文明建设步伐。

农村生态环境仍存在诸多问题。第一，农业生产中农药、化肥的使用不够合理，生活污水很难得到及时有效处理，垃圾分类不当成为通病等，造成农村生态环境的破坏。第二，以往各地在治污时均存在"范围上重城市、轻农村，模式上重点源、轻面源"的现象，随着城镇化发展以及外出务工人员返乡创业，一些地区还存在城市废弃物向乡村转移的问题。第三，随着农村消费水平逐渐提升，盲目消费与过度消费成为一些农村的可见现象，农村居民缺乏对绿色消费理念的重视，造成资源的不必要浪费。第四，受到传统城乡二元体制的束缚，农村基础设施建设相对落后，部分区域不足以充分承载生产生活产生的废弃物。在恶性循环下，可能超过生态系统自我调节功能的限度，对农村环境产生不利影

---

① 《习近平谈治国理政》（第三卷），外文出版社，2020，第 374 页。

响。因此，重视农村生态环境保护，对农民身心健康乃至全国生态文明建设都意义非凡。

综合以上分析可知，农业污染所产生的影响是多方面、深层次的，农村生态环境问题不容忽视。随着城镇化的快速发展，加强农村生态环境保护、自然资源保护和合理利用比以往任何时候都显得更加迫切。夯实环境基础，改善农村人居条件，是乡村振兴的基础。

推进乡村生态振兴，必须以习近平生态文明思想为指引，防治农业生产和农村生活污染，综合整治乡村环境。促进自然资源的合理开发利用，进一步强化乡村的自然资源管理，把保护自然资源和生态环境放在突出位置，重点保护好乡村的土地和矿产等不可再生资源，大力加强乡村林地和水源等绿色生态资源的保护，进一步增强生态产品供给能力。要注重保护原乡风貌、挖掘乡土风情、打造地方特色、传承地方文化。维护农村自然生态系统良性循环，促进农村人居环境、农村自然资源和农村生态系统协调发展。

（三）乡村振兴，生态宜居是关键

生态振兴是乡村振兴的重要支撑。建设"让居民望得见山、看得见水、记得住乡愁"[①] 的美丽宜居乡村，不仅能为百姓留住鸟语花香等自然景观，也是实现乡村振兴的必然要求。众所周知，一国经济持续稳定发展，农业扮演着基础性角色。一方面，农村的土地为城市提供了粮食、蔬菜和水果，只有健康的土壤、干净的水源，才能生产出安全的食物；另一方面，乡村景观尤为丰富，展现出生态系统的多样性，这是大自然赋予的瑰宝，此外，人的智慧与自然力量共同作用形成的别致的乡村人文景观具有很强的保护和研究价值，如客家围屋景观、江南园林景观等。

我国社会主要矛盾在农业农村领域的一大突出表现是，高质量的生

---

① 《十八大以来重要文献选编》（上），中央文献出版社，2014，第603页。

态环境以及高质量的生态产品供应不足，满足不了当下人民日益提升的生态需求。因此，应从关系到中华民族自身健康延续下去的重大战略高度，将乡村生态振兴的总体目标确定如下：为14亿中国人提供优美的生态环境、人居环境以及优质安全健康的农产品，确保国人的身体健康，推进美丽宜居乡村建设，进而全面推动健康中国建设。按照党的十九大提出的"产业兴旺、生态宜居、乡风文明、治理有效、生活富裕"的总要求，加快推进农业农村现代化，让城里人"愿意来、留得下、带回去"，使广大农村地区"靠山吃山、靠水吃水"成为现实。

具体来说，乡村生态振兴，要实现农业农村绿色发展，维护优美和谐的自然景观；要充分提升农村人居条件，打造功能齐全、服务完备、美丽宜居的新乡村；要加强农村综合环境治理，特别是加大力度治理农村面源污染、垃圾污水等，推进农村"厕所革命"；要科学规范使用农业化肥、农药，通过总量控制与强度控制相统一的方式，降低化肥、农药使用对生态环境的负面影响。

近年来，我国大力推进乡村振兴和乡村生态文明建设，取得了举世瞩目的成效。但是，美丽乡村建设仍然充满挑战，高质量农业生态产品仍满足不了社会需求。未来，既要创造更多物质和精神财富以满足人民日益增长的美好生活需要，也要提供更多优质生态产品以满足人民日益增长的优美生态需要。

四　推进村级工业园改造，促进产业高质量发展和乡村振兴

"老城市，新活力"是习近平总书记在2018年10月视察广东期间提出的重要时代课题。广东将目光投向村级工业园，力图通过村级工业园的改造更新，将产业高质量发展的"沼泽地"改造成激发老城市新活力的"价值洼地"。解决污染问题的核心在于全面形成绿色发展方式。只有从根源上降低污染物的总体排放，才能让生态环境实现质的提升。因此，

开展村级工业园改造更新，是从根本上促进产业与生态融合发展，推进乡村振兴的重要方式。

（一）以绿色发展观为指导，实施产业"腾笼换鸟"战略

2018 年 3 月 7 日，习近平总书记在参加十三届全国人大一次会议广东代表团审议时强调，要以壮士断腕的勇气，果断淘汰那些高污染、高排放的产业和企业，为新兴产业发展腾出空间。[①] 绿色发展是构建高质量发展的现代化经济体系的必然要求。从源头上控制和减少污染，形成环境改善与绿色发展的良性互动，是大气污染防治工作的着力点和聚焦点。

因此，应强化污染源头控制，从而实现经济结构、产业结构、能源结构的转型升级。优化产业布局，推动区域协调发展，以产业共建实现产业高水平转移，积极实施"腾笼换鸟"战略，推动产业链跨区域融合，促进村级工业园区提质增效。

（二）新时代背景下村级工业园成为制约产业高质量发展的重要因素

随着我国经济发展进入新常态，传统村级工业园存在的产业低端、发展粗放、空间受限、环境质量差等问题愈加凸显，既限制了经济生产的集约化，更耗费了大量土地及其他自然资源，对生态环境造成了诸多不可逆转的破坏。因此，寻求村级工业园转型更新的有效路径以提升其竞争优势是新常态下提升发展质量，将改革落到实处的必然要求，实施乡村振兴战略，更是发展社会主义市场经济的重要命题。

村级工业园主要诞生于我国制造业较为发达的城市，例如广州、东莞和佛山等。在早期制造业快速发展时期，各类镇、村级工业园做出了

---

① 《以改革创新精神推动新时代经济社会发展迈上新台阶——习近平总书记在参加广东代表团审议时的重要讲话引起热烈反响》，中央人民政府网，2018 年 3 月 8 日，http://www.gov.cn/xinwen/2018-03/08/content_5272058.htm。

巨大贡献。但是时至今日，村级工业园的问题逐步显现，普遍存在小、散、乱的缺点，用地效率低、用地手续不齐全、环保排污不达标、安全隐患等问题较为突出，这些问题也成为制约区域经济高质量发展的最大瓶颈。

村级工业园由于与新时代背景下乡村振兴和产业升级的总体目标不匹配，亟须进行改造以改变乡村形象、提升产业内涵。但是变革并非一件易事，甚至需要很多代人长久的努力。村级工业园改造的难点，一方面在于涉及多方利益主体，包括村民、集体、企业承包方、房屋出租方等；另一方面在于村级工业园往往有错综复杂的遗留问题，解决起来困难重重。村级工业园"野蛮生长"，建设手续不全、不符合现有规划的不在少数，但是村级工业园作为我国的特色工业园，并无改造的先例，只能在实践中持续探索更新改造的路径。

当下，在高质量发展的时代旋律下，以村级工业园改造为契机，推进发展方式优化，为乡村振兴战略加码助力，有助于实现产业高质量发展的目标。通过村级工业园改造，实现生产、生活、生态的"三生"协调，促进农业、加工业、现代服务业的"三业"融合，可以真正实现农业发展、农村变样、农民受惠，最终建成"看得见山、望得见水、记得住乡愁"的美丽乡村、美丽中国。

第三节　构建宜居宜业宜游优质生活圈

粤港澳大湾区是指由香港、澳门两个特别行政区和深圳、珠海、中山、江门、广州、佛山、东莞、惠州、肇庆等9个城市构成的城市群，也就是大珠三角城市群，是一个由多个全球型城市、世界级港口以及相连海湾、邻近岛屿共同组成的具有世界影响的经济区域。粤港澳大湾区是中国经济乃至全球经济发展的重要引擎和重要增长极，在国家经济社会发展和改革开放大局中具有举足轻重的战略地位。目前，建设粤港澳大湾区已经纳入"一带一路"倡议和国家"十三五"规划。

粤港澳大湾区的环保合作已开展多年，随着《珠江三角洲地区改革发展规划纲要（2008—2020年）》（以下简称《珠三角规划纲要》）、《粤澳合作框架协议》、《深化粤港澳合作　推进大湾区建设框架协议》和相关专项性环境规划与环境协议的相继推出，粤港澳大湾区政府间的环保合作不断拓展和深化，三地不断推进大湾区空气质量管理、跨界河流治理、珠江河口水质管理、东江水质保护等合作。

共建优质生活圈是粤港澳大湾区政府间合作的重要实践。共建优质生活圈首次明确提出是在2009年1月8日国务院公布的《珠三角规划纲要》中，是粤港澳三地高层领导对于推动大珠三角区域转型发展的重大共识。《珠三角规划纲要》明确指出会推进珠三角地区与香港更紧密合作，并支持香港提出共建"绿色大珠三角地区优质生活圈"的建议。共建优质生活圈的共识体现了经济、社会与环境相协调的可持续发展理念，将居民生活质量置于区域发展的核心进行考虑。同时，"优质生活圈"的概念也体现了"一国两制"框架为区域相互协调所缔造的空间，体现了不断深化区域合作的努力方向。

粤港澳三方于2009年10月共同开展《共建优质生活圈专项规划》的编制研究工作，目标是研究大珠三角地区的长远合作方向。在基础调研、专题研究及粤港澳三方充分沟通的基础上形成的《共建优质生活圈专项规划》，以合作解决区域性整体问题和跨界问题的需要为出发点，从环境生态、低碳发展、文化民生、空间组织、交通组织等五个领域提出合作建议。

一　提升生态环境质量，完善生态安全体系

生态环境是民生的重要内容。随着我国社会主要矛盾转化为人民日

益增长的美好生活需要和不平衡不充分的发展之间的矛盾，人民群众对优美生态环境的需要已经成为这一矛盾的重要方面，提高生态环境质量成为人们的殷切期盼。广东省结合实际，准确把握习近平生态文明思想，率先在全国开展了区域大气污染防治攻坚行动和流域水环境综合治理等，做到了早发现、早关注、早行动。

（一）巩固完善大珠三角区域生态安全体系

大珠三角区域的生态环境保护势在必行。粤港澳三方必须基于切实保护自然资源和环境的合作方向，针对大珠三角区域发展中生态用地保护所面临的严峻威胁，结合各方的主要诉求及已采取的加强生态保护的工作基础，共同采取合作行动，以可持续发展、保护生物多样性为目标建立清晰全面的保育政策，巩固完善覆盖全区域的生态安全体系，从区域生态安全格局构建、跨界生态安全合作、生态服务功能建设、重点受损生态系统修复的技术集成与示范等方面进行探索与实践，为相关的重大区域性环境保护问题的解决创造条件。具体合作范畴包括制订区域生态安全格局新方案，开展邻接地区生态保育合作规划，以及开展生态建设合作深化研究。

（二）联合开展珠江流域水环境综合治理

依据保护自然资源和环境的合作目的，针对大珠三角区域水环境保护所共同面临的严峻挑战，结合各方已有的相关工作基础，三地宜共同开展珠江流域水环境综合治理，力争解决区域性水污染突出问题，逐步恢复清洁的水环境，为跨行政区域的水环境长效管理机制积累经验。合作范畴包括推进水环境质量和水污染控制目标联合管理，开展区域水环境污染控制合作，深化邻接水域环境质量合作，以及完善流域水环境合作机制。

（三）加强大珠三角区域大气环境综合治理

习近平总书记在 2013 年 12 月 10 日中央经济工作会议上指出："要加大环境治理和生态保护工作力度、投资力度、政策力度，加强污染物减排特别是大气污染防治，推进重点行业、重点区域大气污染治理，加强区域联防联控，把已经出台的大气污染防治十条措施真正落到实处。"① 面对压力与挑战，广东以珠三角区域大气环境质量改善为突破口，努力探寻经济发展先行区大气污染防治之道。建立粤港澳大珠三角尤其是珠三角城市群的大气污染联防联控机制，有效推进区域大气污染联防联控工作。

基于切实保护自然资源和环境的合作方向，针对大珠三角区域大气环境保护所共同面临的严峻挑战，结合各方已有的相关工作基础，粤港澳三方共同合作，加强区域大气环境综合治理，力争解决区域性大气污染突出问题，促进区域大气环境稳步好转，为我国快速城市化、工业化条件下复合型大气污染问题治理和大气环境长效管理机制积累经验。合作范畴包括推进大气环境质量和大气污染控制目标联合管理，开展区域大气污染物减排控制合作，优化区域大气污染监测网络，合作研究控制大珠三角海域大气污染，以及开展区域大气污染联防联治对策研究。

二 推动区域低碳发展，加快转变经济发展方式

工业化创造了前所未有的物质财富，也产生了难以弥补的生态创伤。正如习近平在 2016 年 6 月致第七届清洁能源部长级会议和"创新使命"部长级会议贺信中所述："面向未来，中国将贯彻创新、协调、绿色、开放、共享的发展理念，实施一系列政策措施，大力发展清洁能源，优化产业结构，构建低碳能源体系，发展绿色建筑和低碳交通，建

---

① 《习近平关于社会主义生态文明建设论述摘编》，中央文献出版社，2017，第 86 页。

立国家碳排放交易市场，等等，不断推进绿色低碳发展，促进人与自然相和谐。"①

粤港澳大湾区低碳发展之路，正是习近平生态文明思想在大珠三角区域的生动实践。粤港澳三方必须基于加快转变经济发展方式的合作方向，围绕促进大珠三角区域经济、社会与环境协调发展的目标，结合区域内经济发展的基础条件及相关各方对合作的主要诉求，通过合作推进区域低碳发展，在区域内创建低碳发展示范区，并利用粤港澳合作的独特优势，率先建立低碳型、循环型产业体系，成为国家加快转变经济发展方式的先行区。其合作范畴包括以下几个方面。

（一）建立区域低碳发展合作机制

第一，共同推进低碳发展建设，将大珠三角地区作为全国乃至全球快速城市化地区积极应对气候变化的"低碳发展示范区域"，推动粤港澳三地在科学研究、技术开发、规划计划、政策制定等方面的合作交流，同时将低碳发展合作纳入现有的合作框架内，包括通过粤港应对气候变化联络协调小组推进区域应对气候变化的合作。

第二，建立低碳经济体系，提供政策和资源扶持，促进产业结构优化升级，加快区域节能减排，逐步建立低碳型经济体系。具体包括鼓励低消耗低排放的产业发展、推进清洁生产等。

第三，促进低碳社区建设，大力倡导低碳型消费和生活方式，逐步建设低碳型社会。具体措施包括制定应对气候变化的政策、保护森林湿地和发展绿色交通等。

（二）加强区域环保产业合作

加强区域环保产业合作要求创新合作方式。合作的具体形式较多，

---

① 《习近平关于总体国家安全观论述摘编》，中央文献出版社，2018，第203页。

例如完善大珠三角区域环保产业合作机制，共同开拓环保产业市场。也可以在符合国家法律和环保标准的前提下，探索一些可重用物料的跨界循环再利用合作新模式。

（三）深化新能源与可再生能源研发及应用合作

政府必须加大对新能源与可再生能源产业的扶持力度，粤港澳三方可以联合进行大珠三角区域新能源产业的发展潜力评估，在此基础上明确区域分工、合作和协调的重点，并探讨建立相应合作机制的可能性，拟定未来的合作项目和计划。

绿色出行是低碳发展的重要组成部分。近年来，世界各国包括中国都在大力发展新能源汽车行业。从技术角度出发，新能源汽车之所以能被港澳地区普遍接受，就在于港澳地区土地面积不大，新能源汽车的续航里程数在港澳地区足够满足用户的日常需求。而随着创新电池技术的发展，新能源汽车续航里程数不断提高，未来或可满足在粤港澳大湾区这一更大区域的行驶需要。加之大湾区的充电设施及相关基建准备充足，条件允许的情况下尽量统一充电装置及相关基建的标准制式，这些都将为新能源汽车在粤港澳大湾区的进一步普及提供重要基础。

三 构建绿色教育理念，倡导绿色生活方式

（一）构建绿色教育理念

绿色教育借助教育手段提高人们对环境的了解和对环境问题的认识，可以使人们对人与环境的关系有正确的认识，动员全社会成员共同努力保护环境，形成敬畏自然、顺应自然、尊重自然、保护自然的良好风尚。2019 年 6 月，广东省林学会自然教育专业委员会、广州海珠国家湿地公园、深圳市绿色基金会、世界自然基金会香港分会、澳门生态环境保育协会等粤港澳地区 73 家机构联合发起倡议，成立首个跨区域、跨界联合

的粤港澳自然教育联盟，构建自然+教育、企业+自然保护地、基金+产业等跨行业生态圈。

（二）倡导绿色生活方式

绿色生活方式是指以倡导居民使用绿色产品，倡导民众参与绿色志愿服务，引导民众树立绿色增长、共建共享的理念，使绿色消费、绿色出行、绿色居住成为人们的自觉行动，让人们在充分享受绿色发展所带来的便利和舒适的同时，履行好应尽的可持续发展责任的方法，使广大人民按自然、环保、节俭、健康的方式生活。

碳普惠是近几年兴起的倡导绿色生活方式的新举措。市民日常工作生活中的低碳行为，比如乘坐公交地铁、走路 10000 步、骑共享单车 20 分钟，都可以转换成碳积分，用于兑换一些商品或者折扣券，以此鼓励和引导市民在生活中践行低碳消费、低碳出行、低碳生活的理念，共同为生态环境保护、促进绿色发展贡献一份力量，并获得低碳权益的回馈。广东省于 2016 年在全国率先开展碳普惠制度研究和探索，该项工作列入了《粤港澳大湾区发展规划纲要》。结合 GIS、"互联网+"、大数据应用，通过个人碳足迹计算、低碳行为量化、低碳积分取得、低碳积分兑换，探索碳普惠内部交易闭环机制的生态圈，从而打造全国第一个可测量、可核算、可追溯的碳普惠激励平台。

广州碳普惠平台认证了 20 多种生活场景减碳量的核算方法，市民可在碳普惠平台上注册并践行公共交通、节水节电、旧物回收等低碳行为，通过平台与公共交通、共享单车等服务提供商进行个人低碳行为轨迹比对并计算减碳量获得碳积分，其中部分行为碳减排量经核证后可进入广州碳排放权交易所进行交易，抵扣碳排放控排企业配额。试运行推广期间，碳普惠平台用户关注人数超 7 万，注册会员约 8000 人，宣传普及人数超 10 万。

碳普惠也在其他城市得到推广。2020 年 9 月 8 日，北京启动"MaaS 出行 绿动全城"行动，在全国首推以碳普惠方式鼓励市民全方式参与绿色出行。市民选择公交、地铁、自行车、步行等绿色出行方式出行时，通过高德地图、百度地图 App 绑定"绿色出行-碳普惠"账号后，即可累积碳减排量，兑换公共交通优惠券、购物代金券等奖励。截至 9 月 13 日，高德地图、百度地图平台"绿色出行-碳普惠"账号注册用户量为 3 万余人，累计服务绿色出行 12 万余人次，实现碳减排量 308 吨。碳普惠持续推进将促进市民绿色出行习惯的形成，预计每日引导 10 万人次从自驾转为公交出行，转化率为 5%。除了实现二氧化碳减排，一氧化碳、碳氢化合物、氮氧化物等排放量也都会有所下降。

四 促进城市空间协调发展，建设绿色生态城市

粤港澳大湾区的实践已经证明，近年来坚持"五位一体"，以人民为中心建设绿色生态城市，共建优质生活圈的规划完全符合中央精神，符合习近平生态文明思想，符合广东实际，是习近平生态文明思想在基层的具体化和生动实践。

从空间组织角度看，目前大珠三角地区制约生活品质提升的关键问题主要在于特定的自然地理条件下，珠三角地区城镇和产业空间蔓延发展，港澳居民生活和发展空间的规模受限。为此，共建优质生活圈必须重点关注促进珠三角地区的空间发展模式转型和推进跨界空间协调发展两个范畴。

基于转变空间发展模式的共同合作建议，针对珠三角地区空间发展存在的突出问题，结合跨界空间协调发展的诉求，以及相关各方已有的工作基础，粤港澳三方需要采取合作行动推进区域空间协调发展，提高空间发展对优质生活的保障能力，并为区内居民、企业跨界生活、工作提供空间支持。主要的合作范畴包括优化珠三角地区空间组织、深化跨

界空间合作和建设高质量发展的海绵城市三个方面。

（一）优化珠三角地区空间组织

广东省将从保护地、中心地、发展区及廊道等四个方面入手，优化珠三角地区空间布局，提升各类空间要素的功能和规划建设水平，引导区域城镇和产业空间有序、集约发展，建设舒适宜居的城乡环境，为"加快转型升级、建设幸福广东"提供空间保障。广州市是我国最早进行立体绿化建设的城市之一，在有限的城市空间扩大绿化面积成为广州城市形态演进的一个缩影。近年来，广州通过试点建设、打造品牌、完善规范等方式，坚持政府引导、社会联动、多元投入、合力推进，在丰富立体绿化形式、增加绿化总量、改善生态环境方面取得明显进展。

立体绿化是指在各类建筑物和构筑物的立面、屋顶、地下和上部空间进行多层次、多功能的绿化和美化，以改善局地气候和生态服务功能、拓展城市绿化空间、美化城市景观的生态建设活动。在不占用或极少占用地面土地的前提下增添城市绿量，发挥节能减排、减轻城市排涝压力、缓减城市热岛效应和降低 $PM_{2.5}$ 等生态功能。广州立体绿化形式主要包括屋顶绿化、桥体绿化、墙体绿化、窗/阳台绿化、立体花坛、栏/柱挂花等多种方式。据悉，2016 年至 2020 年，广州市财政通过市林业和园林局部门预算安排越秀区、白云区天台立体绿化建设等试点项目资金 474 万元，安排"广州市立体绿化推广建设"等项目资金 1451 万元，支持试点地区、推广点进行立体绿化推广建设和相应的技术研究，目前主要以学校及机关单位为试点推进屋顶绿化工作。值得一提的是，在各种形式的立体绿化中，广州的桥梁绿化最具代表性。经过十余年努力，广州已绿化桥梁（含人行天桥、车行高架桥）426 座，长度 350 公里，四季常绿、三季盛花，形成极具花城特色的城市空中绿廊花廊，成为展示城市形象的亮丽风景。目前，广州桥梁绿化经验在福州、厦门、海口、珠海、深圳等城市得到大范围推广。①

（二）深化跨界空间合作

在稳步推进现有的跨界空间合作项目的基础上，进一步扩大粤港、粤澳跨界空间合作的范围，不断促进大珠三角区域空间协调发展。具体实践包括稳步推进落马洲河套地区、广州南沙新区等跨界空间合作先行区建设和探索建设粤港澳共建优质生活圈先行区等。为响应国家生态文明建设总要求，进一步改善流域水环境质量，广东省陆续采取相应的治理措施进行治理。但随着珠三角区域一体化程度不断加深以及粤港澳大湾区战略的深入实施，水环境保护压力势必与日俱增。

茅洲河为深圳市第一大河，发源于深圳境内的羊台山北麓，是深圳与东莞的界河。茅洲河是广东22条重点整治河流中污染最严重的一条。2016年以来，深圳市通过引进中国电建等大型央企，经过长期坚持不懈的努力，使茅洲河水质得到明显改善。2019年，深圳率先在全市域消除黑臭水体，茅洲河、深圳河等主要河流水质历史性达到地表水 V 类及以上，得到广东省委和生态环境部高度肯定。2019年11月起，茅洲河水质达地表水 V 类，达到1992年来最好水平，全流域所有黑臭水体全部消除，4年补齐了40年的历史欠账，完成了从"黑臭河"到"生态河"的华丽转身，曾经的黑水河变成了景观河、清水河，从"污染典型"变成"治污典范"。

（三）建设高质量发展的海绵城市

海绵城市是指城市像海绵一样，在适应环境变化和应对自然灾害等方面具有良好的"弹性"，下雨时吸水、蓄水、渗水、净水，需要时将蓄存的水释放并加以利用。南方地区大部分城市均属于雨量充沛区域，同

---

① 《立体绿化扮靓花城》，广州市人民政府网，http：//www.gz.gov.cn/xw/jrgz/content/mpost_6863059.html，最后访问日期：2022年3月12日。

时雨季和雨量在时间上也比较集中，夏秋季节的降雨量可占全年降雨量的75%左右，属于暴雨最为频繁、季节最长、强度最大的地区，而且南方地区夏秋季节台风现象多，在短时间的大风大雨袭击下，南方城市极易发生内涝现象，所以海绵城市建设在南方各主要城市的市政建设中显得尤为重要。

广州因背山面海，北部受山洪影响，中南部受西江北江过境洪水、台风和暴潮的侵袭，历来是洪、潮、涝为患之地，同时广州是华南地区降雨量最高的城市之一，随着城市化进程加快，绿地率减少、建筑密度提高，城市生态环境容量面临巨大压力，"水浸街"事件频发。市水务局有关负责人表示，要解决城市建设带来的水生态、水资源、水环境、水安全、水文化问题，广州必须走"海绵城市"建设的道路。

2017年出台的《广州市海绵城市专项规划（2016—2030）》，以"生态优先、保护本底，因地制宜、量体裁衣，多规融合、加强衔接，统筹规划、分类实施"为原则，提出了自然生态格局策略与空间布局方案。包括构建生态基础设施与生态廊道，规划不同级别的生态廊道作为生态基础设施集中布局的空间基底，各自承担不同尺度的生物通廊、水气循环、城市隔离、休闲游憩空间等功能。同时，推广雨水分散利用与污水再生利用，节约水资源。有条件地区通过蓄水池、立体绿化等设施尽可能分散收集雨水，就地利用，补充公共绿地和道路广场所需用水以及生产防护绿地、小区绿地浇洒用水；以污水处理厂为基础发展再生水，集中补给河涌或其他生态用水、市政杂用水。另外，传承岭南水遗产与治水智慧，打造水景观，使水系成为城市的亮点，重塑和谐的人水关系。

五　发展绿色交通和增进通关便利，共建优质生活圈

交通是城市发展的基础，交通便利化和出行方式绿色化是现代城市的显著特点。党的十六大指出要走"新型工业化道路"，新型工业化的特点是

"以信息化带动工业化，以工业化促进信息化""科技含量高、经济效益好、资源消耗低、环境污染少、人力资源优势得到充分发挥"。① 基于发展便利、绿色、人本交通的共同行动框架，针对优质生活对交通组织优化的突出需求和各方对交通组织协调、跨界通关便利的诉求，结合各方已有的相关工作基础，粤港澳三方应共同促进区域交通绿色化发展，增进通关便利，为共建优质生活圈提供重要的支持。主要的合作范畴包括以下几方面。

（一）优化区域交通结构

优化区域交通结构，提供多样化的交通选择。大珠三角地区交通体系应以铁路、城际轨道交通为骨干，适度发展小汽车交通。大力优先发展多层次、不同方式的城市公共交通网络，加强水上客运和内河航运发展，在适当情况下鼓励慢行交通发展，适度引导和控制小汽车使用。

（二）推进交通工具节能减排

伴随社会经济的迅速发展和科学技术的不断进步，广东省作为较为发达的省份，交通工具不断更新，出现越来越多的私家车。私家车是市民出行的重要选择，但其也带来能源消耗和污染排放问题，这不仅影响了广东省空气环境质量，而且不利于我国可持续发展方针的实施。建议逐步提高大珠三角地区交通工具燃料标准和排放标准，并提供政策和资源，加快推进区域内交通行业节能减排，降低交通工具排放污染。

（三）促进区域交通系统持续发展

善用大珠三角区域交通工作机制，不断优化区域交通系统，促进不同地区、不同方式的交通系统便利衔接，促进区域交通系统持续发展。同时，可以鼓励智能交通系统发展，提高交通管理的水平。

---

① 《改革开放三十年重要文献选编》（下），中央文献出版社，2008，第1251页。

第六章　生态文明建设的区域合作与国际引领

第一节　生态文明建设实践的地方特色

一　以金融创新推动生态文明建设为主线

从当前的国内大环境和国际形势来看，绿色发展是大势所趋，符合全球人民的可持续发展共识。当今世界，以绿色金融为代表的金融创新不断激发新的经济增长点，正在成为全球范围内金融业富有活力的发展领域，是世界经济危机之后金融业抢占未来竞争制高点的必然选择，代表着国际金融发展的新方向，也是全球经济发展新动力的主要来源。我国已经进入经济高质量发展的新时代，从发展历程上看，生态文明建设已迈入关键时期，矛盾突出、压力叠加①，人民日益增长的美好生活需要意味着我们需要提供更多优质的生态产品。生态文明建设进入关键期和窗口期意味着生态文明建设的必要性和紧迫性不断增强，难度日益加大，需进一步落实协同机制和路径。生态文明建设"三期叠加"需要金融改

---

① 习近平：《推动我国生态文明建设迈上新台阶》，《奋斗》2019 年第 3 期。

革和创新提供长效机制，生态环境治理能力与治理体系现代化更需要金融创新的助力。基于此，金融创新应作为生态文明建设的主线，为经济发展的转型升级提供重要支撑。

（一）金融创新推进产业转型升级，是生态文明建设的现实需要

绿色金融是经济高质量发展的重要抓手。在生态文明建设阶段，绿色发展是现代化经济社会的重要特征。绿色金融在此过程中大有可为，可通过优化资产配置、风险管理和市场定价等方式，拓宽绿色低碳产业的融资渠道，撬动社会资本参与绿色经济发展，弥合投融资缺口，催生绿色清洁等新兴产业，构筑可持续循环产业体系。绿色金融主要用于支持技术创新和绿色产业标准体系的构建，因为相比其他经济手段，绿色金融具有以下特点：与碳交易和碳税相比，绿色金融更侧重于对正外部性的激励；与补贴模式相比，绿色金融可以解决融资规模大和融资期限长的问题，还可以减轻地方政府财政负担。

综观地方实践的生动范例，粤港澳大湾区不断探索绿色金融支持产业升级的发展路径和创新机制，其深度、广度和厚度不断重塑大湾区的发展体系，也为各地绿色金融实践提供普遍经验。粤港澳大湾区致力于打造连接中国和世界的超级枢纽，本身也包含了生态环境质量瞄准世界级水准的目标，虽然目前粤港澳大湾区的大气质量指标在我国三大都市圈里面率先达到世界卫生组织第三阶段目标，但与国际目标还有差距。粤港澳大湾区在利用绿色金融助推产业升级方面，有其生动的发展实践和特殊逻辑。从粤港澳大湾区绿色金融助推产业升级来看，绿色金融在促进大湾区传统产业转型以及鼓励绿色新兴产业发展方面能释放巨大潜力。一方面，绿色金融可以发挥拓宽融资渠道和合理引导资金的作用，通过金融机构汇集社会分散资金形成资金池，引导资金流向一系列环保、清洁等绿色产业，促进产业的创新发展。另一方面，绿色金融还可以在

投资大湾区重点产业上向节能减排、生态农业、海绵城市建设、黑臭水体整治、排水防涝等领域倾斜，支持合同能源管理和企业特许经营权、排污权和碳排放权等环境权益抵质押业务以及新能源汽车等重点产业。大湾区应依托港澳发达的金融业以及珠三角发达的实体经济促进绿色产业发展壮大。

如何构建绿色金融发展体系以促进粤港澳大湾区经济发展？主要可以从三个方面探索绿色产业转型机制。第一，逐步限制和淘汰落后产能。在能耗指标、污染程度、投资强度和土地能效等几个方面对各区域不同企业提出要求。第二，加强绿色产业和绿色金融的互联互通。绿色产业中存在许多属于高科技范畴的子行业，例如清洁能源节能材料和技术、资源循环使用等行业，产业转型升级有赖于绿色金融产品和服务的创新。第三，适当制定产业结构升级的硬指标。可以借鉴全国碳排放权交易市场的碳金融创新模式，将二氧化碳排放量作为钢铁、电力、化工、建材、造纸和有色金属等高耗能行业的硬性指标，通过采用差别化信贷政策等手段，支持区内部分轻工业和重化工业转型，引导资金逐步退出"两高一剩"行业，进而优化产业结构、促进节能减排。

（二）绿色金融助力试验区绿色发展，是生态文明建设重要抓手

广州市绿色金融改革创新试验区经过几年的摸索实践，不断建章立制，发展成效显著，体现了绿色金融助力区域绿色发展的必要性和可行性。广州试验区始终把绿色金融放在重要位置，牢固树立绿色发展理念，坚持生态优先、绿色发展，着力将广州打造成人与自然和谐共生的宜居生态城市。

一是打好污染防治攻坚战。2019 年，广州试验区铁腕出击，严格整治在环保督查中凸显的生态环境问题，采取了一系列重要措施进行综合规范治理，包括关停广州发电厂、旺隆热电厂等 7 台燃煤机组，加快纯

电动车的推广应用，清理整治"散乱污"场所 6 万个，其中关停取缔 3.6 万个；全面完成 52 个集中式饮用水水源地环境整治；建成污水处理厂 3 座，新建污水管网 3430 公里，基本完成 48 个城中村截污纳管主体工程建设；8 个国考、省考断面水质达到年度考核要求，35 条黑臭河涌长治久清，112 条黑臭河涌治理主体工程完工，入选全国黑臭水体治理示范城市。

二是提升城乡环境形象。2019 年，广州试验区大力推进城市更新改造，完成 5 个老旧小区改造国家级试点，77 个老旧小区微改造、7 个旧村改造、20 个旧厂改造项目完工。共同推进建设美丽乡村、特色小镇和文化名村等，提升乡村地区人居环境品质，加强环境综合整治。经过大力更新建设，60%以上村达到省定干净整洁村标准，30%以上村达到省定美丽宜居村标准。强化固体废弃物处理，新建 13 座建筑废弃物消纳场，创建 300 个生活垃圾精准分类样板居住小区，4 座资源热力电厂试运营。

三是完善企业环境信息评级和环境信用恢复治理工作。按照省环境违法黑名单以及省、市两级企业环境信用评价工作相关部署，广州市生态环境局针对环境违法"黑名单"企业、环保不良企业（红牌）、环保警示企业（黄牌）开展专项治理修复工作。2019 年 1~8 月，广州市生态环境局共完成 10 家企业环境信用修复工作（黑名单修复 3 家、红牌修复 4 家、黄牌修复 3 家）。

（三）金融创新充分发挥对生态文明建设的支持作用，使绿色发展落到实处

我国绿色金融在近几年发展势头强劲，成效明显，在生态文明建设中发挥着独特的作用。

一是绿色金融在资源配置方面起着重要作用，为生态文明建设和生态环境保护提供了有力支撑。通过合理配置资金，优化不同领域的资金流向，对于高排放、高耗能项目，减少资金流向，对于绿色清洁、节能环保等领域，逐步增加资金流向。广州市设立广州金融发展专项资金，市财政 5 年安排共计 20 亿元用于支持广州区域金融中心建设，涵盖对绿色信贷、绿色债券、绿色企业上市挂牌等项目的补贴。

二是绿色金融拓宽了资金来源渠道，引导资金合理配置，助力传统产业的转型升级和绿色新兴产业的发展。广州试验区已设立工业转型升级发展基金、"中国制造 2025" 产业直接股权投资基金、中小企业发展基金、重点产业知识产权运营基金、种业发展基金等政府引导基金。据不完全统计，目前广州市发展改革委、工信局、国资委和地方金融监管局等部门财政资金共投入 838.27 亿元，其中广州市财政投入 225.14 亿元，引导社会资本投入 613.13 亿元。

三是深化绿色金融创新产品和服务的开发，广泛开拓多种融资方式，加快构建现代化绿色产业体系。2018 年广州金融机构为绿色企业提供融资超过 70 亿元，融资利率低于一般企业贷款利率约 1 个百分点，为绿色企业节省超过 5000 万元利息支出。同时，广州试验区积极开发适应当地经济情况和产业特点的绿色金融创新产品。如建行花都分行在绿色信贷领域实现多个首创，发放广州试验区首笔碳排放权抵押贷款、全国上市企业首笔碳排放权抵押贷款，首创 "绿色 e 销通" 网络供应链融资产品，首创绿色 "电桩融" 产品支持新能源汽车充电站发展等。广州地区多家企业相继发行全省首单绿色金融债券、绿色企业债券、绿色中期票据和绿色资产证券化产品，以及近年来全国规模最大的广州地铁绿色债券，全市绿色产业通过直接融资和间接融资渠道融资达 8000 亿元，有效缓解了绿色企业融资难问题。截至 2021 年 3 月末，广东绿色贷款余额达 11062 亿元，同比增长 37%，首次突破万亿元大关。

（四）金融创新有助于完善正向激励机制，是生态文明建设的重要支撑

绿色金融作为经济可持续发展的重要支撑，近年来在我国发展迅速，取得了显著阶段性成效。在推进绿色金融纵深发展的过程中，金融机构是主力军，越来越多的金融机构通过发行绿色金融债券拓宽融资渠道、服务绿色经济。其一，在经济实现高质量发展的过程中，金融制度不断推陈出新，进行合理的制度建设和安排，有效降低实体经济中的高杠杆率，平衡中小企业和国有企业的融资成本，鼓励银行等金融机构持续加强对绿色项目和绿色产业的信贷支持，切实解决绿色产业和项目现存的老大难问题。其二，不断拓宽新的融资渠道，创新绿色金融融资工具，为绿色产业发展注入源头活水。

二 以市场交易促进生态文明持续性发展

（一）建立完善基于市场的多元生态补偿机制

首先，赋予生态保护区和生态受益区独立的、对等的市场地位。目前，我国生态补偿体制多是自上而下形式的，由生态保护区和生态受益区的上级政府进行统筹牵头，主要采取行政手段推行，市场化程度较低。在生态补偿机制的实践过程中，传统的补偿机制存在一定的矛盾和缺陷，比如跨区域生态保护的利益协调问题、不同参与主体之间的平衡问题、政府与市场的角色定位不清等，在一定程度上限制了市场化生态补偿机制的形成和发展。因此，亟待确立生态保护区和生态受益区独立平等的市场地位，增强生态保护的内在驱动力。

其次，完善市场规章制度，规范生态补偿的市场行为，明确市场主体相关的责任和义务。经过行之有效的科学评估，给予生态保护区内的相应主体，比如具有生态修复和保护功能的林田、流域等生态补偿市场

主体地位，允许其向市场供给优质的生态产品与服务；也要赋予生态受益区内受益经营组织合法的生态补偿市场主体地位，规定其为生态产品与服务付费。同时，还可以合理地引入民间环保组织参与生态补偿，供给或购买生态产品与服务，不断实现生态补偿市场主体的多元化。

最后，生态补偿价格受制于市场供求关系，由市场规律进行调节。生态补偿基准价格可运用直接市场评价法、揭示偏好评估法、陈述偏好评估法等科学方法，进行行之有效的评估和测算，充分反映生态产品与服务的价值，而不是人为评估。

（二）加强市场建设，加大监管力度

加快建设市场交易平台，生态文明建设离不开生态资源交易平台的构建和完善。广东自由贸易试验区环境权益交易市场建设步伐加快，走在全国前列。广东省环境权益交易所已建成广东省排污权有偿使用和交易试点平台，并积极配合水利部门开展水权交易试点建设工作，编制广东省水权交易规则，对广东省水权交易制度建设以及水权试点工作顺利开展具有积极的推动作用。2020年3月，广东省首个排污权交易金融项目落地。环交所分别与中国建设银行广州分行、中国工商银行广州分行签订了100亿元的战略授信合作协议，为合法排污、节能环保等企业提供共计200亿元的排污权质押融资支持。

（三）综合运用多种市场化手段，创新绿色金融的运作机制

依托市场，综合运用多种市场化手段，是绿色发展的题中应有之义，是创新绿色金融运作机制的必然要求。着力推动金融机构产融对接的力度，提升绿色金融能力建设，创新绿色金融产品和服务，探索符合绿色产业需求的产品和服务模式，深化碳金融、碳排放交易权等绿色金融形式，灵活开展担保物权等融资创新，发行以清洁环保、节

能减排为主题的金融债、企业债、公司债和非金融企业债等工具，增加绿色产业资金来源，撬动社会资本参与其中，为绿色发展创造良好的条件。

广州试验区经过近两年的探索实践，绿色金融产品和服务创新不断涌现，市场激励约束机制初步建立，政策支持体系不断完善，社会绿色金融改革创新理念和氛围日益形成，形成了一批可复制可推广的经验。包括但不限于广州试验区的融资对接系统、碳汇交易机制、创新型绿色保险、创新融资模式支持绿色环保项目等90余项。

广州试验区绿色金融发展指数目前在各个试验区中领先，绿色金融发展的政府推动得分与市场成效得分这两个指标在各个试点中均排名第一，绿色信贷余额总量、绿色债券发行总量、绿色金融产品和服务创新数量、拓宽绿色融资渠道等市场化指标都遥遥领先。因此，要加强市场在资源配置中的决定性作用，促进绿色金融与绿色产业的互融互通，同时，除了加大政府财政支持力度之外，也要发挥金融机构的杠杆作用，促进社会资本参与绿色投资。在去杠杆、财政紧约束的环境下，传统的高信用资产变得稀缺，需要一些金融机构转变传统经营思路，更市场化地进行运作，使绿色经济得到有效的金融支持。绿色金融的发展离不开多元化的金融工具和科技，比如信托、融资租赁和个人理财等工具和产品，为绿色金融引入更多的资金。

三　以绿色产业赋能经济高质量发展

以绿色产业赋能经济高质量发展是必由之路。从国内的发展来看，绿色产业是引导我国未来经济社会发展的重要力量，当前中国正处于转变经济发展方式的关键时期，注重绿色产业的发展兼具社会效益和经济效益，不仅能缓解资源约束的压力，而且能创造新的经济增长点，培育和壮大绿色经济，对经济高质量发展形成重要的支撑。

（一）以科技引领生态农业发展

总部位于广州的极飞科技，于 2007 年成立。极飞科技已经先后推出农业无人机、农业遥感无人机、农业无人车、农机辅助驾驶设备、农业物联网和智慧农场管理软件六大产品线，贯穿农业生产的各个环节。同时，极飞科技也是全球规模最大的农业无人机公司，服务面积已经超过 6.2 亿亩次。

由路透社主办的 2020 年度全球商业责任大奖，作为唯一入选提名榜单的中国企业，极飞科技凭借其推动农业科技创新的颠覆性成果，以及守护粮食安全、应对农村人口老龄化问题的突出表现，最终斩获最具分量的"可持续发展创新奖"。极飞科技成为该奖项设立 11 年以来首家获奖的中国企业，由此打破了欧美企业长期垄断的局面。自 2010 年创立以来，路透全球商业责任大奖已连续举行 11 届，是世界上最具影响力、唯一面向全球评选的企业社会责任类奖项，旨在表彰为环境和社会未来发展带来革命性影响的企业和机构。历届获奖者均是国际商业巨擘或引领技术创新的新锐力量，既有联合利华、百事可乐、宜家、金佰利、阿斯利康、捷豹路虎等快消、医药、汽车行业巨头，也有英特尔、英国电信、万事达、毕马威等大型跨国科技和金融公司。

极飞科技通过建设数字农业基础设施、开发精准农业设备，不断提升农业生产效率，并且通过减少农药和水的使用提高农产品质量，降低农业生产对环境的影响。除此之外，极飞科技也在通过开放合作，与各地政府以及其他农业领域的合作伙伴一起为农户提升价值。

（二）绿色供应链推动汽车产业集群发展

何为绿色供应链？绿色供应链指的是一种联动产业链上下游绿色环保的管理机制，目的是在产品的整个生命周期中降低对环境的影响。当前，绿色供应链以其特有的新型管理模式被许多大型跨国企业运用。如沃尔玛、通用等都在全球主动推广绿色供应链管理，树立绿色企业形象。广东作为外向型经济的典型，在完善绿色供应链建设方面独具优势和特点。引入绿色供应链管理模式，将提升各接点企业的美誉度及品牌形象，有助于企业赢得市场份额，更是推动工业转型升级、培育新的经济增长点的关键措施。

对于发展绿色产业的中小微企业来说，绿色供应链融资是恰当的选择，因为它以真实贸易为背景、借助核心企业信用，实现供应商、核心企业、资金提供方的多方共赢，使广大企业在融资上获取便利性和安全性。汽车产业集群是广东省培育发展的十大战略性支柱产业之一，2019年全省共有规模以上汽车整车及零配件企业 876 家，全省汽车制造业营业收入 8404 亿元，实现增加值 1768 亿元，汽车产量 312 万辆，占全国汽车产量的 12%，位居全国第一。粤港澳大湾区拥有国内规模最为庞大的汽车产业集群，金融支持供应链项目在大湾区将首先应用于汽车产业，可以实现金融"绿色"元素和汽车行业"供应链"元素的有效结合，发挥各自优势，促进汽车产业的节能减排、绿色发展，这也与粤港澳大湾区大力发展绿色交通和新能源汽车项目的趋势相一致。

第二节　粤港澳大湾区生态文明建设合作

一　粤港澳大湾区绿色治理合作

2019 年出台的《粤港澳大湾区发展规划纲要》提出，以建设美丽湾区为引领，着力提升生态环境质量，形成节约资源和保护环境的空间格局、产业结构、生产方式、生活方式，实现绿色低碳循环发展，使大湾区天更蓝、山更绿、水更清、环境更优美。由于粤港澳三地共属一个环境共同体，粤港澳大湾区应加强绿色治理合作，在经济功能上实现差异化发展，在生态环境建设方面协同共进。

事实上，粤港澳大湾区的绿色治理合作已开展多年，其也是国内最早考虑实施区域联防联控机制的区域。2010 年，以亚运会和大运会空气质量保障为契机，广东省出台了《广东省珠江三角洲大气污染防治办法》和《广东省珠江三角洲清洁空气行动计划》，在全国范围内率先实施新的国家环境空气质量标准，珠三角也成为全国第一个将 $PM_{2.5}$ 纳入空气质量评价并率先公布的城市群。随着《珠江三角洲地区改革发展规划纲要（2008—2020 年）》《粤港合作框架协议》等不断推出，粤港澳大湾区政府间不断深化生态环境治理合作，合力推进大湾区跨区域河流治理、水环境治理、水质保护等合作。

2019 年 2 月 18 日，中共中央、国务院正式印发《粤港澳大湾区发展规划纲要》（以下简称《纲要》），《纲要》把生态环境保护建设放在优先位置，生态环境保护的体制机制、联防联控、绿色低碳发展模式等方面的内容都具有前瞻性和引领性。《纲要》在绿色发展和生态环境治理方面的特征表现为以下四个方面。

1. 治理对象包括大气、水、土壤和生态，特别强调对水的治理

粤港澳大湾区地理位置独特，同时地处珠江入海口以及珠江三角洲冲积平原地区。独特的地理优势造就了有利于发展的区位条件，珠三角地区地势低平、水网密布、河涌交错，工业化城镇化程度较高，城市群落密集，生态环境相互影响。《纲要》第七章第二节"加强环境保护和治理"对流域、海湾、水网和饮用水源地的水质管理提出了建设内容，同时，《纲要》第五章"加快基础设施互联互通"第四节"强化水资源安全保障"对大湾区水量管理进行了规定，以保障珠三角以及港澳供水安全。

2. 创新治理手段，通过创新性金融制度安排倒逼经济结构调整

金融作为产业优化的有力资金支撑，通过创新性金融制度安排为绿

色产业项目投融资，倒逼、助推经济结构调整和转型。同时，在 2016 年 G20 会议前，中国人民银行等七部委发布了《关于构建绿色金融体系的指导意见》，使绿色金融的发展一开始就具有国际性。而粤港澳大湾区所具有的战略性、国际性、市场性和包容性也与国家绿色金融的发展战略相得益彰。

《纲要》主要在以下三个方面对粤港澳大湾区金融发展做出了规划：建设国际金融枢纽、大力发展特色金融产业、有序推进金融市场互联互通。其中，在大力发展特色金融产业方面，《纲要》主要围绕绿色金融，对香港、广州、澳门、深圳等城市做了不同的规划。根据大湾区内各地区的产业资源禀赋与区位特征，《纲要》将香港定位为大湾区绿色金融中心，广州为绿色金融改革创新试验区，澳门为绿色金融平台，深圳为保险创新发展试验区，由此促进大珠三角的绿色发展以及与港澳地区绿色金融市场的互联互通。

3. 以绿色技术创新推动实体经济高质量发展

绿色技术创新是实现绿色发展的重要驱动力，粤港澳大湾区可以依托制造业基础推动绿色产业发展。引导粤港澳大湾区新一代信息技术、新能源汽车、新材料、节能环保、生物技术等战略产业发展，加快推动制造业转型升级，特别是传统产业园区的转型升级，实现经济、社会和生态效益的共赢。

4. 在治理创新方面，强调个人和企业的参与

在粤港澳大湾区建设中优先提升生态环境质量，不仅能够缓解大湾区一体化发展进程中的资源环境约束，而且能使生态环境成为大湾区最公平的公共产品和最普惠的民生福祉。生态环境具有民生性，主要体现为：第一，生态环境是关系到粤港澳大湾区可持续发展的前提和基础，与粤港澳地区人民的切身利益息息相关；第二，生态环境的维护离不开公众的支持，公众是良好生态产品的直接行为主体和受益人。

《纲要》第七章"推进生态文明建设"第三节"创新绿色低碳发展模式"指出，采用碳普惠、绿色供应链等，实行生产者责任延伸制度，推动生产企业切实落实废弃产品回收等个人和企业的参与方式。2019 年全国两会广东省提出打造低碳示范样本，深入探索低碳经济示范区建设，加快构建粤港澳大湾区绿色供应链指数并在粤港澳大湾区推广实施。

二　粤港澳大湾区绿色金融合作

粤港澳大湾区绿色金融合作具有重要意义。第一，绿色金融合作可以促进大湾区环境治理的创新合作。目前区域间尚未建立有效运行的区域联防联控市场激励机制，尚未有效撬动社会资本进入。发挥市场机制的作用能够更加有效地激发污染防治主体的参与热情和积极性，更好地促进污染者减排的主动性。绿色金融系统有助于将社会资本有效地引导到绿色金融领域，使融资成本降低，环境相关事项的风险披露将更加有效。第二，社会对绿色产品的需求持续上升，城市的绿色化创新发展变得十分必要。珠三角中心城市几乎在全部行业中都具备绿色创新比较优势，在基础性创新上的集聚效应更突出，尤其是广州和深圳可以作为城市群的创新引擎分别向绿色产业横向和纵向发展，辐射周边城市，使其各自找到合适的绿色城市定位，实现差异性绿色发展。

粤港澳大湾区绿色金融总体合作模式为"双核驱动，互联互通，优势互补，集聚发展"。具体来说，香港应当充分发挥其国际金融中心的地位优势，提供优质的绿色金融标准认定服务、绿色金融评估认证服务等，构造绿色金融国际交流平台；澳门可以打造成为面向葡语国家的绿色金融平台；广州积累了绿色金融改革创新试验区的实践经验，可以充分发挥其绿色金融创新的优势，为绿色金融发展提供活力；深圳可以充分利用其技术创新的优势，建设绿色金融科创研发集聚区。其他城市也应该根据差异化特征和比较优势，深化功能分区设定。

从绿色金融合作实施路径来看，粤港澳大湾区作为一个跨体制、跨政府和跨行政边界的特殊区域，在发展过程中，需要政府、企业和社会的多方合作。组建绿色金融交易平台，促进粤港澳三地的绿色金融合作和资源共享。具体可以从以下几个方面实现资源配置与绿色金融的创新。

首先，粤港澳三地应加强政策合作，共同组建绿色金融政策推进小组，结合世界银行的国际经验，制定统一的绿色投资标准和框架。将核心城市作为政策试点，就大湾区的发展计划进行资源环境可行性论证，并在执行过程中遵循严格的环境评估程序与标准，避免发展行为与大湾区生态的目标相悖。同时，构建粤港澳大湾区绿色产融对接一体化平台，统一化规范化管理绿色金融产品和服务的数据和信息，通过将信息联通到平台管理系统，促进金融机构和企业之间的高效对接，提高金融服务粤港澳大湾区企业发展的能力和水平。

其次，优化城市群的协同治理，完善空间区域结构对于经济高质量发展的引领作用。从科技创新水平、地均投入和产出水平、节能减排水平以及循环经济基础设施等方面制订产业用地门槛，淘汰技术含量低、环境污染重、与城乡景观冲突激烈的产业，鼓励现有的园区厂房高强度重建，减少土地的粗放利用，推进产业用地改造升级，用空间政策促进经济发展方式转变。一方面，在生态环境维度可以考虑引入包括建设用地、能源消耗、污染排放、水资源消耗和垃圾产生量的控制和负增长的综合指标；另一方面，目前绿色项目的收益率太低，可以考虑引入绿色金融，以绿色项目未来的收益作为评估标准，创新用于大湾区城市提升的资金来源，通过提高绿色项目的收益使绿色产业发展的市场机制逐步完善。

再次，大力发展粤港澳大湾区的技术创新机制，激发金融科技创新活力。粤港澳大湾区需要共建共创共享，逾越不同社会制度之间的鸿沟，在各地区之间建立科学的分工合作体系，打通信息壁垒，建立覆盖各类绿色金融产品的绿色信息共享平台。重点研究"资本支持创新"模式，对于珠三角地区涌现的优质初创企业，在融资过程中，香港可以发挥其国际化通道的优势，便利全球资本更通畅地支持这些企业的发展。此外，大湾区还可就人民币国际化与离岸中心建设、绿色债券、金融科技、区块链等应用开展联合研究与合作，共建世界双金融中心，探索出一条独特的绿色金融融合发展之路。

最后，不断完善生态补偿机制，助力粤港澳大湾区绿色发展。建立大湾区生态补偿机制，除了常规的污染物治理，还可以引入多种补偿机制完善财政转移支付制度。可以借鉴广东省的经验，如设置生态保护指数，该指数包括地表水环境功能区水质达标率、集中式饮用水源地水质达标率、环境空气质量优良天数比率、森林覆盖率等 15 项指标，涵盖林地、草地、水域湿地、耕地、建筑用地和未利用地。根据大湾区特点，还可以将该综合指标中的水域湿地拓展到海域，引入"海洋清洁度"的概念，通过生态机制的约束力来规范大湾区经济与环境协同发展，使自然资源保护地区分享区域经济发展成果。

三 粤港澳大湾区绿色生态保护和修复合作

（一）大湾区自然生态修复

1. 大湾区湿地科考

2020 年 11 月，粤港澳大湾区海珠湿地植被生态修复科考大赛作为"全民科学家"项目的一次大胆尝试，粤港澳三地知名院校的专家队伍和研究学者云集，广泛号召社会植物科学爱好者，将竞赛与植被科研项目相结合，提供给民众一个了解植被、参与科考项目的平台。研究方向涉及药物植物、入侵生物、浮游生物、昆虫、遥感监测等多方面，现场展示环节更是汇聚了粤港澳顶尖生态智慧。

海珠国家湿地公园位于广州市中心城区，是在权衡超过万亿土地商业开发价值和生态保护之后，通过湿地保护修复、改造丢荒果园恢复建立起来的 1100 公顷城央湿地公园。海珠湿地作为湿地与城市和谐共生的典范，早在 2017 年，就以"城市园林绿化及城市生态修复"主题，获得 2016 年中国人居环境范例奖，成为广州第一个城市园林绿化及城市生态修复获奖项目。2019 年 6 月 5 日世界环境日，海珠湿地形象片在美国纽约时报广场中国屏滚动播出，在世界的"十字路口"展现中国生态文明建设成果。海珠湿地是国内罕见的城央湿地，早期是城市绿肺，因城镇化发展，大部分荔枝果树被砍伐、迁移，近年才得以修复部分原貌。2012 年初，广东省委、省政府和广州市委、市政府大力支持海珠湿地建设，争取到国家"只征不转"征地政策，一次性投入 45.85 亿元征地资金，将这块地作为永久性生态用地保护起来，禁止在保护区内进行任何商业开发。

海珠湿地水质不断提升，环境持续向好，与毗邻的琶洲互联网创新集聚区遥相呼应，成功吸引了 21 家巨头企业入驻，周边已形成以阿里巴巴、腾讯等企业为中心的粤港澳大湾区国际科技创新平台，形成了以"绿水青山"换来"金山银山"的"湿地效应"。

2. 候鸟在深圳吃饭，在香港睡觉

目前深圳市真正保留下来的原生态红树林湿地只剩下始建于 1984 年 10 月并在 1988 年 5 月升级为国家级自然保护区的福田红树林自然保护区。而在福田红树林自然保护区 300 多公顷的土地上，红树林覆盖率仅占 30%。而总占地面积约 38 公顷的红树林生态公园，最南端与香港米埔自然保护区仅一线之隔，属于同一个生态系统。红树林生态公园原本也是福田红树林自然保护区的一部分，却在 20 世纪 90 年代初因城市建设所需被划出保护区的红线范围。

即便如此，红树林生态公园（南区）仍然是联结香港和福田两个湿地廊道的重要桥梁。与此同时，以红树林生态公园（南区）、福田红树林自然保护区为标识的整个深圳湾区域，还是国际候鸟迁徙中途的重要栖息地，每年有上千只来自西伯利亚等地的候鸟在此越冬。

在红树林生态公园建设前，由于未被划入福田红树林自然保护区，该区域除了南侧保有一片人工红树林之外，其余土地上聚集了30多家商户和100多处违法建筑。滩涂湿地在人为破坏的情况下失去了本来面貌和原有的生态功能，同时也对相邻的保护区内动植物造成了极大的生存威胁，因此北方飞来的候鸟白天在深圳吃饭，晚上回香港睡觉。这个案例显示了大湾区的生态发展轨迹。

2012年4月，为了恢复新洲河口滨海生态环境，同时给市民提供一个体验红树林湿地、认识生态保护重要性的场所，深圳市政府决定建设红树林生态公园。福田区城区中心原本可以用作建造楼房、休闲设施和商业建筑，但地方政府认识到，从长远来说，给子孙后代留一片绿色十分有必要。其间，福田区委、区政府把红树林生态公园建设项目列为2014年、2015年民生实事项目和创建"国家生态文明建设示范区"的重点工程。

（二）大湾区水生态治理

荔湾湖公园位于广州荔湾区的西关，旧址为荔枝湾。在明代，荔枝湾为文人传颂，"一湾溪水绿，两岸荔枝红"，并以"荔湾渔唱"被列为羊城八景之一。20世纪40年代，随着广州城区的扩展和城市人口的增加，荔枝湾两岸成为菜农、贫民聚居之地，居民为建房屋砍掉了荔枝树。与此同时，荔枝湾附近的驷马涌沿岸成为广州市近代工业基地，开设了焦化厂、染料厂、电镀厂等，造成了河涌污染，水质持续恶化，再也难以适应荔枝树的生长。

1999年，荔湾区政协提出了关于"复建荔枝湾故道"的提案。为了迎接广州亚运会，打造亚运景观，方案在2009年落实，2010年4月开始动工。2010 年 10 月 16 日凌晨，荔湾湖的湖水被引入河涌，曾经的荔枝湾涌迎来新生，从历史重回现实。荔枝湾工程已成为广州亚运会的"代表作"和珍贵遗产。

在新荔枝湾的"广州最美老街"永庆坊，结合广州千年商都的历史根脉，荟萃岭南文化历史风貌，在原有街坊里弄的城市肌理上，保留和修复西关骑楼、西关名人建筑、荔枝湾涌、粤剧艺术博物馆、金声电影院等城市乡愁记忆符号，真正实现老城市文化名片和新活力都市生活的城市价值新组合。改造后的永庆坊已经摇身一变，成为集文、商、旅于一体的现代化社区，是荔湾区探索传统文化商旅提升的典范。

第三节　绿色"一带一路"及绿色发展的中国引领

一　中国绿色发展道路的世界意义

中国的绿色发展不仅为我国经济发展提供了指引，也为全球可持续发展积累了独特经验，做出了重要贡献。

目前发展中国家面临与西方国家工业化进程不同的环境问题。当今的发展中国家仍处于工业化进程中，同时又需要应对工业化带来的环境问题和全球气候变暖的国际问题。因此，中国绿色"一带一路"的提出，将会贡献中国处理环境保护和经济发展之间关系这一问题的中国智慧和实践道路，指出发展中国家的发展需要实现一个能使资源环境更有效率、更加清洁和更有弹性的新增长过程。当前中国经济与世界经济高度关联，中国经济正在进行换挡降速，向高质量发展方向转变，绿色发展作为高质量的重要衡量维度已经被放在国家重要战略位置，对全球生态文明的建设和生态环境的保护起到重要的参与、贡献和引领作用。2018 年上半年中资企业对共建"一带一路"的 55 个国家新增投资合计 74 亿美元，同比增长 12%，境外经贸合作区增至 82 个。由此可见，"一带一路"可以拉动中国乃至世界经济的增长，而绿色发展可以从环境层面让"一带一路"对经济增长赋予绿色的含义，因此绿色发展是实现"一带一路"绿色发展的关键机制。

受疫情影响，各国经济恢复前路漫漫，实现共建"一带一路"国家绿色发展至关重要。2020 年 11 月，在穗举办的国际金融论坛第 17 届全球年会上，清华大学气候变化与可持续发展研究院执行院长张健提出七点建议。一是优化能源结构，努力构建清洁低碳安全高效的能源体系，特别是对煤电提出限制措施，例如，2020 年新发布的绿色债券目录中已明确不再支持任何涉煤项目。全力推进绿色"一带一路"，加强共建"一带一路"国家的绿色协作治理，合理地引导资金进入清洁环保领域。二是改变以化学能源为基础的技术体系和利用体系，降低高碳发展路径依赖，避免高碳锁定。三是建设绿色低碳交通体系。四是发展循环经济，提高资源利用效率。五是推动技术创新。加强对低碳零碳技术的研发投入，逐步替代当前的高排放、高污染的高碳产业。六是发展绿色金融。要实现 2030 年的提前碳达峰以及 2060 年前的碳中和，气候融资的前景非常好，全球预计需要 92 万亿美元，中国市场前景可期。七是基于自然的解决方案，通过造林、保护湿地等生态保护路径，提高应对气候风险的能力。张健称，中国已经和新西兰共同牵头提出一个完整的基于自然的解决方案，清华大学气候变化与可持续发展研究院也搭建了一个全球合作平台，与各方一道推动该领域的行动和国际合作，发挥它对实现碳中和的积极作用。[①]

二　绿色发展是人类命运共同体的重要维度

在经济全球化以及环境治理需要全球合作共治的背景下，"构建人类

[①]　张文晖：《"一带一路"沿线国家如何绿色发展？专家提出七点建议》，中国新闻网，http://www.chinanews.com/cj/2020/11-22/9344701.shtml，最后访问日期：2021 年 5 月 30 日。

命运共同体"思想具有鲜明的时代特征。人类命运共同体包括五个维度，其中的环境维度尤为突出，中国积极参与环境全球治理，"一带一路"倡议的提出也是对构建人类命运共同体的重要实践。

生态环境问题本身具有外部性和公共性特征，所以仅依靠市场对环境进行资源配置必然会造成扭曲，导致具有环境负外部性特征的生产供给过度或具有环境正外部性特征的生产供给不足。而且，由于大气、水和土壤等具有自然扩散性与流动性，环境问题具有跨区域性或全球性，由此具有典型的外部负效应和公共厌恶品等属性，在全球治理中是最具特色的市场失灵类型与原因之一。同时对其治理产生的治理收益却不能完全内化为付出治理成本的国家独享，由此进行治理时难以得到相应的回报，因此跨区域或全球环境问题具有明显的外部性，生态危机的全球治理成为客观必然。控制气候变化需要全球范围内各个国家的通力合作，由于各地区地理位置、经济绿色发展背景、科学技术投入等存在差异，目前还没有全球生态环境治理的制度体系，绿色"一带一路"建设的推进刚好弥补了全球环境治理的这种缺陷，加强了共建"一带一路"国家和地区对生态环境质量改善的重视，形成了环境治理差异化的合作互补机制，为中国推动全球绿色发展提供了新的模式和方向。

构建人类命运共同体是统筹国内国际绿色发展，把中国人民利益与世界人民共同利益相结合的伟大实践。中国是二氧化碳排放大国，共建"一带一路"国家很多也位于生态脆弱敏感区，如世界上化石能源消耗增长最快的亚洲国家。因此，中国"一带一路"倡议的实施意味着中国在进一步推动国内绿色发展的同时，也在引领全球的可持续发展合作，"一带一路"的绿色发展集中体现了中国道路的世界意义。习近平多次强调，要践行绿色发展理念，着力深化环保合作，加大生态环境保护力度，携手打造绿色丝绸之路。2017 年 5 月 14 日，习近平出席"一带一路"国际合作高峰论坛开幕式并发表主旨演讲，倡议建立"一带一路"绿色发展国际联盟。联合国环境规划署和中国环境保护部作为共同发起方，将携手各界共同落实这一倡议，让绿色贯通整个"一带一路"。

三　"一带一路"绿色发展的关键实现机制

首先，搭建"一带一路"绿色发展平台，为共建"一带一路"国家绿色发展提供重要支撑。要立足国内外发展形势，构建绿色共享合作平台，以自身的绿色发展为出发点和落脚点，求同存异、互利共赢。着力建设国际绿色发展信息数据网络，为共建"一带一路"国家提供相关的绿色发展信息，比如生态环境信息、区域绿色产业发展信息、绿色发展风险检测信息等，致力于促进共建"一带一路"国家的交流合作。在多方的协调合作下，增强对外投资和产业的生态环境信息服务，提高对外企业的环境风险防范能力。

其次，推动"一带一路"绿色发展国际示范区建设，发挥"一带一路"倡议的示范引领作用。优选"一带一路"沿线基础好、区域代表性强、产业发展特色鲜明、与周边区域联系紧密且辐射带动力强的若干重要区域，作为实现"一带一路"绿色发展的关键节点，率先开展国际合作，输出我国绿色发展先进理念、模式和技术，建设一批特色鲜明、示范带动作用强的"一带一路"绿色发展国际示范区，引领、示范、带动"一带一路"绿色发展。通过"一带一路"绿色发展国际示范区建设，全面推广绿色发展理念，引领"一带一路"沿线区域实现绿色发展。

最后，推动绿色技术创新与共享、"一带一路"互联互通。推动环境信息共享，建设"一带一路"生态环保大数据服务平台，强化生态环保服务和决策支持。已集成30余个国家的国别基础数据、法规标准、环境政策、技术产业、案例分析等内容，汇集30个国际权威公开平台的200余项指标数据，涉及全球190余个国家和地区。推动绿色技术交流，建设"一带一路"环境技术交流与转移中心等环保产业技术合作平台，举办"一带一路"绿色创新大会，推动建设绿色技术创新创业基地和国际高端环保产业园。积极推动"一带一路"绿色技术创新与跨境转移转化。第一，开展共建"一带一路"国家比较优势和利益共享原则下的绿色技术合作。第二，通过亚投行等"一带一路"金融组织，设立绿色技术创新基金，重点支持绿色环保实用技术的研发、推广与成果转化。近期重点对绿色能源、环境治理、生态修复、节能减排、绿色建筑、绿色基础设施等领域的新技术研发与推广给予重点支持。第三，完善知识产权制度，建立共建"一带一路"国家互相联通、共同认可的知识产权保护体系。

主要参考文献

一 经典文献

［1］《马克思恩格斯文集》（第九卷），人民出版社，2009。

［2］《马克思恩格斯选集》（第三卷），人民出版社，2012。

［3］《马克思恩格斯选集》（第四卷），人民出版社，2012。

［4］《1844 年经济学哲学手稿》，人民出版社，2000。

［5］习近平：《决胜全面建成小康社会　夺取新时代中国特色社会主义伟大胜利——在中国共产党第十九次全国代表大会上的报告》，人民出版社，2017。

［6］《习近平谈治国理政》，外文出版社，2014。

［7］《习近平谈治国理政》（第三卷），外文出版社，2020。

［8］《习近平谈治国理政》（第二卷），外文出版社，2017。

［9］《习近平关于社会主义生态文明建设论述摘编》，中央文献出版社，2017。

［10］《习近平关于全面建成小康社会论述摘编》，中央文献出版社，2016。

［11］《习近平关于社会主义经济建设论述摘编》，中央文献出版社，2017。

［12］《习近平关于总体国家安全观论述摘编》，中央文献出版社，2018。

［13］《十八大以来重要文献选编》（上），中央文献出版社，2014。

［14］《十七大以来重要文献选编》（中），中央文献出版社，2011。

［15］《中国共产党第十九届中央委员会第三次全体会议文件汇编》，人民出版社，2018。

二 专著

［1］陈金清主编《生态文明理论与实践研究》，人民出版社，2016。

［2］方世南：《马克思恩格斯的生态文明思想——基于〈马克思恩格斯文集〉的研究》，人民出版社，2017。

［3］韩庆祥、黄相怀：《中国道路能为世界贡献什么》，中国人民大学出版社，2017。

［4］刘希刚、徐民华：《马克思主义生态文明思想及其历史发展研究》，人民出版社，2017。

［5］厉以宁、傅帅雄、尹俊编著《经济低碳化》，江苏人民出版社，2014。

［6］马中、周月秋、王文主编《中国绿色金融发展报告2017》，中国金融出版社，2018。

［7］史丹、胡文龙等：《自然资源资产负债表编制探索——在遵循国际惯例中体现中国特色的理论与实践》，经济管理出版社，2015。

［8］《贯彻落实习近平新时代中国特色社会主义思想在改革发展稳定中攻坚克难案例：生态文明建设》，党建读物出版社，2019。

三 期刊论文

［1］习近平：《推动我国生态文明建设迈上新台阶》，《求是》2019年第3期。

［2］陈明星、梁龙武、王振波等：《美丽中国与国土空间规划关系的地理学思考》，《地理学报》2019 年第 12 期。

［3］邓春玉：《基于主体功能区的广东省城市化空间均衡发展研究》，《宏观经济研究》2008 年第 12 期。

［4］邓水兰、温诒忠：《马克思主义生态文明理论体系探讨》，《江西社会科学》2013 年第 5 期。

［5］樊杰：《主体功能区战略与优化国土空间开发格局》，《中国科学院院刊》2013 年第 2 期。

［6］孔祥智、卢洋啸：《建设生态宜居美丽乡村的五大模式及对策建议——来自 5 省 20 村调研的启示》，《经济纵横》2019 年第 1 期。

［7］孔祥智：《实施乡村振兴战略的进展、问题与趋势》，《中国特色社会主义研究》2019 年第 1 期。

［8］刘涵：《习近平生态文明思想的演进逻辑探析——基于人与自然关系的分析视角》，《海南大学学报》（人文社会科学版）2020 年第 5 期。

［9］蓝庆新、彭一然：《中国当代生态文明观体系构建——基于马克思主义人与自然关系理论的解析》，《中国人口科学》2016 年第 2 期。

［10］刘清志、陈思羽：《我国可再生能源的开发与利用》，《价值工程》2010 年第 26 期。

［11］李萌：《中国低碳经济中可再生能源持续发展问题研究》，《华中科技大学学报》（社会科学版）2010 年第 4 期。

［12］黎峥：《中国地方绿色金融实践进展及发展建议》，《金融博览》2020 年第 19 期。

［13］宋献中、胡珺：《理论创新与实践引领：习近平生态文明思想研究》，《暨南学报》（哲学社会科学版）2018 年第 1 期。

［14］王金南、雷宇、宁淼：《改善空气质量的中国模式："大气十条"实施与评价》，《环境保护》2018 年第 2 期。

［15］王金南、马国霞、於方等：《2015 年中国经济－生态生产总值核算研究》，《中国人口·资源与环境》2018 年第 2 期。

［16］王容、王文军、赵黛青：《广东省主体功能区碳排放特征及驱动因素研究》，《新能源进展》2019 年第 4 期。

［17］吴舜泽、姚瑞华、王东等：《实施长江经济带生态环境保护规划　带动提升中国绿色发展水平》，《中国生态文明》2017 年第 4 期。

［18］杨莉、刘继汉、尹才元：《浅论〈自然辩证法〉中的生态意蕴及现实价值》，《自然辩证法研究》2018 年第 4 期。

［19］周光迅、郑玥：《从建设生态浙江到建设美丽中国——习近平生态文明思想的发展历程及启示》，《自然辩证法研究》2017 年第 7 期。

［20］张海鹏、郜亮亮、闫坤：《乡村振兴战略思想的理论渊源、主要创新和实现路径》，《中国农村经济》2018 年第 11 期。

［21］张惠远、张强、刘淑芳：《新时代生态文明建设要点与战略架构解析》，《环境保护》2017 年第 22 期。

［22］周生贤：《走向生态文明新时代——学习习近平同志关于生态文明建设的重要论述》，《求是》2013 年第 17 期。

［23］周生贤：《中国特色生态文明建设的理论创新和实践》，《求是》2012 年第 19 期。

四　报纸文章

［1］习近平：《在纪念马克思诞辰 200 周年大会上的讲话》，《人民日报》2018 年 5 月 5 日，第 2 版。

［2］顾仲阳：《坚决打好污染防治攻坚战　推动生态文明建设迈上新台阶》，《人民日报》2018 年 5 月 20 日，第 1 版。

［3］《推动全党学习和掌握历史唯物主义　更好认识规律更加能动地推进工作》，《人民日报》2013 年 12 月 5 日，第 1 版。

［4］《坚持运用辩证唯物主义世界观方法论 提高解决我国改革发展基本问题本领》，《人民日报》2015 年 1 月 25 日，第 1 版。

［5］《中国共产党第十九次全国代表大会在京开幕》，《人民日报》2017 年 10 月 19 日，第 1 版。

［6］习近平：《关于〈中共中央关于全面深化改革若干重大问题的决定〉的说明》，《人民日报》2013 年 11 月 16 日，第 1 版。

［7］习近平：《坚持节约资源和保护环境基本国策 努力走向社会主义生态文明新时代》，《人民日报》2013 年 5 月 25 日，第 1 版。

跋

　　绿色发展既是当今世界主要的发展潮流，也是指导我国今后发展的重要理念。绿色发展具有丰富的特质和内涵。绿色发展具有"绿色性"。绿色是大自然的底色，是体现自然价值的颜色。绿色发展的核心，就是凸显绿色性，通过保障自然价值的实现，最终保障人民权益和根本利益的实现。绿色发展具有"共生性"。自然，不仅有自然性，同时也有深刻的人性化特征，人与自然之间必然处于相互影响、相互制约的"共生"状态之中。绿色发展具有"精细性"。精细性是绿色发展的题中应有之义，主要体现发展的层级和品质。绿色发展具有"长远性"。绿色发展一定是可持续发展，是虑及子孙后代的长远发展。绿色发展蕴含巨大的绿色生产力，既是我们的发展选择也是前进方向，需要我们持续发力、全面推进。

　　随着人民生活水平的提高，绿色发展不断呈现立体化、多元化和动态化特征，需要对生态文明在学科和体系上进行构建，这些需要积累，不仅包括时间的积累，还包括认知的积累。

　　2020年初突袭而至的新冠肺炎疫情，使人类按下了"暂停键"。但与此同时，大自然按下了"启动键"。新冠肺炎疫情的出现，让我们进一步领会到自然价值的重要性，认识到可持续发展的重要性与迫切性，人与自然和谐共生对于特大城市和超大城市尤显重要，其需要环境与经济发展具有更大的韧性。

广州市海珠湿地在获得生态效益的同时，还取得了较好的经济效益和社会效益，是"绿水青山就是金山银山"的生动诠释，已成为绿色发展和生态文明建设的典范。特别是在经济发展方面还形成了"湿地效应"，吸引了高科技公司和人才等创新要素的集聚。截至 2020 年，已有 26 家世界 500 强企业、大型央企及上市公司的项目在海珠湿地周边集聚，形成了广州新落户企业的"湿地效应"，其中，"微信"新的总部大楼落户在与海珠湿地相邻的琶洲互联网创新集聚区。

湿地是地球之肾，水是湿地的灵魂。要坚定不移把保护摆在第一位，尽最大努力保持湿地生态和水环境。2019 年 6 月 5 日世界环境日，海珠湿地形象片在美国纽约时报广场中国屏滚动播出，在世界的"十字路口"展现中国生态文明建设成果。此次海珠湿地形象片的国际发布聚集了全球的目光，向国际社会彰显了广州经济发展与生态发展齐头并进的良好态势和宜居宜业的城市环境，摆脱了国际社会对中国以环境换经济的固有印象。

上面只是一个例子，绿色发展具有多元化、多角度以及空间广阔等特点。当前正值经济新旧动能转换期，也迎来产业转型升级的新拐点。构建以数据为核心驱动要素的新型工业体系，有助于提高资源配置效率和全要素生产率，实现工业经济发展动力和发展方式的转变。"5G+"等新应用在楼宇、商场、教育、警务、医疗等场景率先实现，"数字+"在商贸业、服务业、金融业广泛"跨界"应用，为产业数字化提供了想象力巨大的融合发展空间。

以"AI+"引领智慧城市建设，创新智慧城市管理，以信息拓展智慧城市服务，以 5G 构建智慧城市物联。2020 年 10 月 8 日，广州本土企业极飞科技荣膺全球最具影响力的商业创新大奖。由路透社主办的 2020

年度全球商业责任大奖（Responsible Business Awards），作为唯一入选提名榜单的中国企业，极飞科技凭借其在无人机方面推动农业科技创新的突出表现，最终斩获最具分量的"可持续发展创新奖"（Sustainability Innovation Award）。

绿色发展还包括绿色学校和自然教育。用好奇的童心，去打造属于孩子们的乐园。在大自然绿色课堂里，让孩子畅享童年的梦想，尽情地去实践、探究、体验大自然这本"无字书"，让绿色真正走进每个孩子心中……这些与大自然的亲密接触给孩子们带来无穷的快乐，也为其提供了强大的心理内驱力。其价值即便当下不会显现，也将在日后的某一瞬间绽放华彩。

感谢中共广州市委宣传部和广州市社会科学界联合会的信任和支持，书稿提纲在多次讨论的基础上形成，曾伟玉常务副部长每次都对提纲给予严格把关并提出建设性的意见。提纲几易其稿，在这个不断肯定和否定的过程中，力求突出理论和实践的结合，并突出粤港澳大湾区的开放性特色。同时，还要感谢广州海珠国家湿地公园提供相关的照片和材料。

写作得到我的博士研究生和硕士研究生的协助，根据我以往的研究基础，包括撰写的研究报告以及演讲资料，分工如下。第一章：程芳芳；第二章：邵璟璟；第三章：程芳芳、邵璟璟；第四章：邵璟璟；第五章：赵沅君；第六章：邵璟璟。我对每一章进行了完善和修改，并负责每一章的案例撰写和标题提炼。我觉得能够在绿色发展和生态文明建设这个领域展现自己的价值，是一件很荣幸的事情，因为能见证、参与、学习、推动、创建和进行一些革新，这是一个机会，也是我们的美好愿望。

傅京燕

2021 年 7 月

图书在版编目（CIP）数据

新时代生态文明建设创新 / 傅京燕著. -- 北京：
社会科学文献出版社，2022.9（2023.9 重印）
（习近平新时代中国特色社会主义思想与实践研究丛
书）
ISBN 978-7-5228-0273-2

Ⅰ.①新…　Ⅱ.①傅…　Ⅲ.①生态环境建设-研究-
中国　Ⅳ.①X321.2

中国版本图书馆 CIP 数据核字（2022）第 176272 号

习近平新时代中国特色社会主义思想与实践研究丛书
新时代生态文明建设创新

著　　者 / 傅京燕

出 版 人 / 冀祥德
责任编辑 / 周　琼
文稿编辑 / 程丽霞
责任印制 / 王京美

出　　版 / 社会科学文献出版社·政法传媒分社（010）59367126
　　　　　地址：北京市北三环中路甲 29 号院华龙大厦　邮编：100029
　　　　　网址：www.ssap.com.cn
发　　行 / 社会科学文献出版社（010）59367028
印　　装 / 唐山玺诚印务有限公司

规　　格 / 开　本：787mm×1092mm　1/16
　　　　　印　张：9.25　字　数：121 千字
版　　次 / 2022 年 9 月第 1 版　2023 年 9 月第 2 次印刷
书　　号 / ISBN 978-7-5228-0273-2
定　　价 / 69.00 元

读者服务电话：4008918866